第一次玩
IG
就賺錢

Instagram 實戰全攻略！

U0062024

讓粉絲不請自來的秘密
Agency如何管理IG帳戶？
如何建立你的第一間網店？
鋪出黃金路：黃金PO文法則
KOL不告訴你的IG技巧

一次搞懂基礎知識
＋ 運用技巧
＋ 案例剖析

🔍乜嘢係IG？睇完你就知！

👤李Sir 著

前言

常常聽到行家說，現在的年青人都不再用Facebook，轉用Instagram，但我們都不用Instagram，那怎麼辦？

Instagram的介面、用法跟Facebook大有不同，一般的成年人根本不懂用。有些企業會聘請慣用Instagram的年青人擔任市場主任(marketing officer)一職，但小型網店、KOL和大型機構的Instagram運作模式，與個人帳戶是完全不同的！

本書透過筆者在上市機構的跨國經驗，及擔任各小店和KOL顧問的實戰所得經驗，詳述小本經營和大型投資Instagram的各類方案。重點放於多讚、多留言、多「分享」(tag朋友)！

目錄

CHAPTER ①
建立你的第一間網店

CHAPTER ②
鋪出黃金路：黃金PO文法則

CHAPTER ③
讓粉絲不請自來的秘密

CHAPTER ④
Agency 如何管理 IG 帳戶

CHAPTER ⑤
網紅不會告訴你的 IG 技巧

CHAPTER ⑥
超人氣 IG 專頁致勝經營秘技

CHAPTER

1°

建立你的
第一間網店

♡ ○ ◁

1.01 什麼是 Instagram？

Instagram 是免費的相片和影片分享應用程式，不論是 Apple iOS、Android 及 Windows Phone 上都能夠使用。用戶可以利用本服務上傳相片或影片，和他們的追蹤者或特定朋友分享。用戶也可以查看並對朋友在 Instagram 分

手機版 Instagram 應用程式

享的貼文留言和說讚。用戶只要使用有效的電子郵件或手機號碼，便可免費註冊，並選擇用戶名稱即可。

Instagram 的名稱取自「即時」（英語：instant）與「電報」（英語：telegram）兩個單詞的結合，而一般中文釋名為「圖享」，意思是與他人即時分享圖片，或是一部即時電報傳送的相機。直至2018年，Instagram 用戶已達 2 億人次以上。

Instagram 幾乎是年青人每天必用的社交程式，本書將詳盡介紹如何利用這麼大人流的社交程度，交動網店、「網紅」和各類收入。

1.02 Instagram 的特色

一般從事Facebook營銷的市
場人員，都會發現Instagram
跟Facebook的操作大有不
同。Facebook設有「個人帳
戶」、「社團」和「粉絲專頁」
三種不同專頁。

Facebook登入模式看似簡單，但實
際有三款不同的經營模式。

在Facebook的個人帳戶中，
最多只能加5,000個朋友；在Facebook社群中，任何人都可
以發言，商戶／管理員的角色存於較被動狀態；至於粉絲專專
頁，雖然追蹤的人數無限，但不能主動加朋友，變相經營相對
困難。

至於Instagram帳戶，不論是個人帳戶或是商業帳戶，都可以
加無限朋友，營運起來較為方便。唯Instagram有一個缺點是：
官方對電腦版支援並不足夠，本書稍後部分，將會詳解利用非
官方軟件，在電腦操作Instagram。

1.03 申請 Instagram 帳號① : 手機版

在建立 Instagram 專頁之前,您必須申請 Instagram 的帳號。要加入 Instagram 很簡單,只要擁有一個電郵帳號/ 手機號碼就可以申請,完全是免費註冊的,只要輸入一些基本的資料即完成註冊動作。

以下將簡單說明一下 Instagram 帳號的申請方式:

1. 從 App Store(iOS)或 Google Play 商店(Android)下載 Instagram 應用程式

2. 安裝應用程式後,請點按「⊙」開啟

3. 點按使用電子郵件或手機號碼註冊,然後輸入電子郵件地址或手機號碼(須輸入確認碼)並點按「下一步」(您也可以點選使用 Facebook 帳號登入,使用您的 Facebook 帳號註冊)

4. 如使用電子郵件或手機號碼註冊,請建立用戶名稱和密碼,並填寫個人檔案資料,然後點按「完成」。如果您使用 Facebook 註冊並且目前是登出狀態,畫面會提示您登入 Facebook 帳號。

一般手機或平板電腦,均能下載 Instagram。

📲1.04 申請Instagram帳號② ：電腦版

若要透過電腦建立 Instagram 帳號，步驟如下：

1. 前往 instagram.com

2. 輸入您的電子郵件 地址，建立用戶名 稱和密碼，或點擊 使用 Facebook 登

電腦版 Instagram 功能比手機版少，筆者並不建議採用。

入，使用您的 Facebook 帳號註冊。

📖 **小貼士：**

如果您使用電子郵件註冊，請點擊「註冊」。如果您使用 Facebook 註冊並且目前是登出狀態，畫面會提示您登入 Facebook 帳號。

如果您使用電子郵件註冊，請確認您輸入正確且只有您能使用的 電子郵件地址。如果您登出後忘記密碼，必須登入電子信箱，才 能取回 Instagram 帳號的使用權限。

1.05 大頭照

Facebook的大頭照是長方形，而Instagram的大頭照則是圓形，所以用家在設定頭像時要異常小心，切角位必須準確文誤，我們可參考台灣網紅、藝人陳建州作例子。

上述例子的成功之處，就是準確切割圓形的大頭照。

建立你的第一間網店

若要新增或變更大頭貼照(手機版)，方法如下：

1. 點按「👤」前往「個人檔案」

2. 點按「編輯個人檔案 > 變更大頭貼照(iOS)/ 變更相片(Android)」

陳建州的 Instagram 大頭照

3. 選擇您想從哪裡匯入相片

4. 點按「完成」

♡ ○ ◁

您可以拍張新相片或是從手機的相片圖庫、Facebook 或 Twitter 新增相片。如果您選擇從 Facebook 或 Twitter 匯入，Instagram 會使用您在該社群網路上使用的相片。

瀏覽網頁版 Instagram 時，您還是可以新增大頭貼照或變更目前的大頭貼照。若要新增、刪除或變更大頭貼照，只需做以下幾點：

1. 點按「 」

2. 點按大頭貼照或用戶名稱旁的空白圓圈

3. 選擇上傳新相片或移除目前的大頭貼照

1.06 帳戶簡介

一個好的自我簡介,應包含以下元素:

1. 利用Emoji撰寫

2. 含電郵或其他社交媒體帳號聯繫方式

3. 指出帳戶人的所在地區,方便工作接洽

4. 加入個化的hashtag,例如示例的「#hkpigfood」

一名香港「吃貨」的Instagram自我簡介

若要更新您的個人檔案資料，包括您的用戶名稱以及與帳號相關聯的電子郵件地址，只需做以下步驟：

1. 前往個人檔案

2. 點按編輯個人檔案或編輯你的個人檔案

3. 填寫您的資料，然後點按完成（iPhone）或右上方的「✔」（Android）

您也可以使用網頁版更新個人檔案資料，點按或點擊右上方的「&」，然後點按「編輯個人檔案」，即可修改您的公開個人簡介（您的姓名、用戶名稱、簡介及網站）。

編輯完畢之後，向下捲動並點按「提交」。

📑 **小貼士：**
部分個人檔案資料的查看權限只限您本人。這包括您的電子郵件地址、電話號碼以及性別。

1.07 驗證徽章

驗證標章是個打勾圖示，在搜尋和查看個人檔案時，會顯示在 Instagram 帳號名稱旁邊。當您看到此標章出現時，代表這個帳號經 Instagram 認證為公眾人物、名人或全球品牌的真實身分。

附有「✔」，是真正的 Taylor Swift 帳戶。

未有「✔」，屬非官方確認的帳戶。

如要申請驗證徽章：

1. 請務必確定您登入的帳戶，與您欲申請驗證徽章的帳戶相同。

2. 前往您的個人檔案，然後點按「☰」。

3. 點按「⚙」> 申請驗證

4. 輸入您的全名，並提供必要的身份證明文件。（例如由政府機關核發，並附有相片的身份證明文件）

♡ ◯ ◁   20

1.08 驗證徽章注意事項

申請驗證標章後，Instagram審查您的申請內容後，您會收到通知，得知您的帳號是否通過驗證。若您的申請遭到拒絕，您可以在30天後重新申請。

> **小貼士：**
> Instagram 絕對不會要求用戶為驗證付款，也不會聯絡並要求您確認驗證。

若您的帳號沒有驗證標章，還有其他方法可讓用戶知道您的帳號代表真實身分。例如：您可以將官方網站、Facebook 粉絲專頁、YouTube 或 Twitter 帳號與 Instagram 帳號連結。

注要事項：若有下列情況，Instagram 可以隨時移除驗證標章、取消標章或停用您的帳號：

1. 若您刊登廣告、轉讓或販售驗證標章。

2. 若您使用您的大頭貼照、個人簡介或姓名來推廣其他服務。

3. 若您企圖透過第三方驗證您的帳號。

只需用Facebook帳戶登入Instagram，便能把兩者相連。

僅有某些公眾人物、名人及品牌可取得 Instagram 的驗證標章。擁有驗證標章的 Facebook 粉絲專頁，其 Instagram 帳號上不一定會有驗證標章。目前，驗證標章僅提供給很有可能遭到冒充的 Instagram 帳號。

秘聞：有些網絡營銷公司會為客戶製作大量冒充的 Instagram 帳號，以博取 Instagram 提供驗證標章。

1.09 帳戶名稱

Instagram 用戶名稱以先到先得的基礎提供，無法預留。

如某帳號正使用您已註冊的商標為其用戶名稱，可能構成違反商標條例，即可能涉及使用某公司或商業用名稱、標誌或其他受條例保護的項目，而導致其他品牌或業務關聯產生誤導或混淆的情況。然而，使用他人商標時，若與該商標原註冊之產品或服務無關，則不違反 Instagram 的商標政策。

然而，檢舉 Instagram 用戶名稱極具困難，一般名人／商家都是另外設名稱。如果您想使用的用戶名稱是似乎被其他帳戶在使用，您可以加上英文句點、數字、底線或縮寫，以協助您取得尚未有人使用的用戶名稱。

realdonaldtrump ✔　追蹤

4,009 貼文　　**10.2百萬** 位追蹤者　　**8** 追蹤中

President Donald J. Trump
45th President of the United States

特朗普的名稱亦是自創為「realdonaldtrump」。

♡ ○ ▽　　　22

1.10 同步聯絡資訊

當您連接 Instagram 到手機或平板電腦的聯絡人清單後，就可以查看有使用 Instagram 的聯絡人清單。您可以從這份名單中挑選追蹤對象。連接您的聯絡人清單後，系統會定期同步該清單。

若要在 Instagram 找尋要追蹤的用戶，可以瀏覽您的 Facebook 朋友和聯絡人名單：

1. 前往您的個人檔案，然後點按「三」。

2. 點按「○」

3. 點按 Facebook 朋友或聯絡人，選擇您要從 Facebook 還是手機的聯絡人名單尋找朋友。

4. 在您想追蹤的用戶旁邊，點按「追蹤」。

Instagram 會顯示您在手機及／或 Facebook 朋友的 IG 帳戶。

> **☐ 小貼士：**
> 若要在 apple 手機／平板電腦上中斷聯絡人同步功能，同步過的聯絡資料將會自動從 Instagram 的系統移除。
>
> 1. 前往您的個人檔案，點按「☰」。
>
> 2. 點按「○」
>
> 3. 點按「聯絡人同步」
>
> 4. 在與聯絡人聯繫旁邊，點按「●○」。

1.11 帳戶私隱

如果您的貼文設定為「公開」，任何人在網絡上瀏覽「instagram.com/[your username]」時，都可以看見您的個人檔案，例如在 your username 可輸入「adidas」，即 instagram.com/adidas

> **☐ 小貼士：**
> 依預設，任何人都可以看到您在 Instagram 的個人檔案和貼文。

如您將貼文設定為「不公開」，則只有您允許追蹤並已登入 Instagram 的用戶才能看到您的相片。

adidas ✔ Follow

745 posts　22.1m followers　133 following

adidas
Past empowers future with @adidasoriginals #NEVERMADE
a.did.as/NEVERMADE

網店一般都是設定為公開貼文

將貼文設定為「不公開」分享後，任何想查看您的貼文、追蹤者名單或追蹤中名單的用戶，都必須向您發送追蹤要求。您可以在「♡」動態中查看追蹤要求，然後決定「接受」或「略過要求」。

若要從 Instagram 應用程式將貼文設為「不公開」：

1. 點按「👤」前往您的個人檔案，點按「☰」。

2. 點按「⚙」

3. 點按帳號「隱私設定」，再點按將不公開帳號切換為開啟。

1.12 不公開帳戶設定

將貼文設定為不公開分享後，任何想查看您的貼文、追蹤者名單或追蹤中名單的用戶，都必須向您發送追蹤要求。您可以在「♡」動態中查看追蹤要求，然後決定接受或略過要求。

> **📑 小貼士：**
> 如果不小心拒絕了追蹤要求，您可以請對方再次提出「追蹤」您的要求。

如果在您將貼文設為不公開分享之前，已經有用戶加入追蹤，但您不希望他們看見您的貼文，您可以封鎖他們。當您封鎖某人時，對方不會收到通知。

若要封鎖他人：

1. 點按用戶名稱以瀏覽對方的個
   人檔案

2. 點按右上角的「•••」（iPhone/
   iPad）或「⋮」（Android）

3. 點按「封鎖」

注意事項：封鎖他人後，系統並
不會移除他們之前對您相片和影
片按的讚和留言，您可以從貼文
中刪除他們的留言。

若要解除封鎖某人：

1. 按照上述步驟 1、2

2. 點按「解除封鎖」

1.13 不公開帳戶漏洞

一般用戶可能會看見您分享到其他社群網站的不公開貼文。舉例來說，若您將在 Instagram 設為不公開的貼文分享到 Facebook 時，可以看見你 Facebook 貼文的用戶，就可能會看見該則貼文。

同時，永久連結也可以使用。換句話說，任何使用者只要可以存取該圖片的直接連結/ 網址，便能瀏覽該公開分享的相片。

再者，若您曾用網頁檢視器登入帳號，您的圖像就有可能出現在 Google 搜尋結果中，因為此舉即授權他們存取您的個人檔案與圖像。即使您將帳號刪除，也還是需要一段時間後，Google 才會移除圖像。

Instagram 容許一人設多個帳戶

☑ 小貼士：

1. 不要把Instagram不公開的貼文，分享同其他公開的社交網站。

2. 可多設不同Instagram帳戶，分享不同私隱限度的相片，例如一個帳戶用於伴侶、一個用於朋友，一個用於家人。

3. 盡量不要用登入網頁版Instagram 帳戶

1.14 新增帳戶

若要新增多個 Instagram 帳戶：

1. 前往您的個人檔案，點按「三」。

2. 點按「設定」

3. 捲動至底部，點按「新增帳戶」

4. 輸入您要新增帳戶的用戶名稱與密碼。

若要在新增的帳戶間彼此切換：

a. 前往您的個人檔案

b. 點按畫面最上方
   的用戶名稱

c. 點按您要切換的
   帳戶

d. 請注意事項：您
   最多可以新增 5
   個帳戶

1.15 設定網址

若要取得貼文的連結：

1. 在貼文上方點按「•••」(iOS) 或「⋮」(Android)

2. 點按複製連結

若要取得貼文的網頁版連結：

1. 開啟網頁瀏覽器

2. 前　往 instagram.com/用
   戶名稱。例如用戶名稱是
   「johnsmith」，請 在 網 址
   列 輸 入：instagram.com/
   johnsmith

3. 點按您想儲存的貼文，並
   複製瀏覽器頂端的連結。

每個貼文的右上角均設有按鈕

除了複製連結外，您亦可把貼文轉發
至其他社交應用程式。

 修改網址

若要更新您的個人檔案資料，包括您的用戶名稱以及與帳號相關聯的電子郵件地址：

1. 前往「個人檔案」

2. 點按「編輯個人檔案」或「編輯你的個人檔案」

3. 填寫您的資料，然後點按「完成」（iPhone）或右上方的「✔」（Android）

若要修改網址，那便是修改 username。

Name：魚乾
Username：annie72127
Website：www.facebook.com/RSPannie72127.tw
Bio：這裡充滿自拍與廢文
Youtube: /RSPannie72127
Facebook: /RSPannie72127.tw
Twitter: /annie72127

注意事項：Website 只能填上一項

台灣 KOL 示例

1.17 發佈貼文

完成了 Instagram 專頁的基本設置，現在最重要的就是告訴您的親朋好友來加入；這個動作就是要藉朋友的易影響力，把自己專頁擴散出去，增加粉絲數目！

若要上載相片或拍新相片，請先點按畫面底部的「⊕」：

若要從手機的圖庫上載相片，請點按螢幕下方的圖庫，然後選擇您要分享的相片。

若要拍新相片，請點按畫面底部的相片，然後點按「○」。您可以點按「🔄」切換使用前置鏡頭和後置鏡頭，或點按「⚡」來調整閃光燈。

注意事項：在官方設置中，您無法使用桌面電腦拍攝或上載相片。若您希望用電腦發帖，可參考本書的後半部分。

任何版本的 Instagram 中，最中間的按鈕必定是用來發貼。

Instagram 相片格式為正方形，與一般手機拍攝的長方形框架不同。

1.18 通知設定

Instagram因為多種原因「傳送通知」，包括：

1. 有人在您的相片或影片按讚或留言時

2. 其他人在留言中提及您時

您可以在帳號設定頁面調整您的推播通知。

您可以選擇在其他人對您的貼文按讚或留言時收到推播通知。如果您已開啟通知功能，還能進一步選擇您想收到通知的帳號。方法如下：

1. 前往您的個人檔案，然後點按「☰」。

2. 點按「○」

3. 點按「推播通知」來調整設定

一般社交應用程式均設「推送通知」

若要接收特定已追蹤帳號的通知，請前往該帳號的個人檔案，點按「•••」(iPhone) 或「⋮」(Android) > 開啟「貼文通知」

> 🔖 **小貼士：**
> 新增多個 Instagram 帳號後，只要帳號開啟這項功能，您便會收到來自這些帳號的推播通知。收到的推播通知種類取決於您上次登入的帳號，及登入帳號的裝置數目。

♡ ♀ ▷

1.19 暫停帳戶

Instagram 提供「暫停帳號」和「刪除帳號」兩種選項。前者指如果您暫時停用帳號，您的個人檔案、相片、留言和獲得的「讚」都將隱藏，直到您重新登入，並重新啟用帳號為止。

暫停帳號方法：

1. 從行動瀏覽器或桌上型電腦登入 instagram.com。您無法從 Instagram 應用程式暫時停用自己的帳號。

2. 點按或點擊右上方的「👤」，然後選擇「編輯個人檔案」。

3. 向下捲動，點按右下方的「暫時停用我的帳號」。

4. 從「為什麼想要停用帳號？」旁的下拉式功能表中選擇理由，並重新輸入您的密碼。您必須先從功能表中選擇理由，才能看到停用帳號的選項。

5. 點按「暫時停用帳號」

📑 **小貼士：**

如果您不想要停用帳號，但想更改可以看到帳號的對象，您可以將貼文設定為不公開或封鎖用戶。

1.20 刪除帳戶

當您刪除帳號時，您的個人檔案、相片、影片、留言、讚和追蹤者將會被永久移除。

刪除帳號後，您即無法使用同一個用戶名稱再次註冊，或是將該用戶名稱新增至其他帳號，而且 Instagram 也無法重新啟用已刪除的帳號。

刪除帳號的方法如下：

1. 前往刪除帳號頁面。如您未登入 Instagram 網站，系統將會要求您登入。您無法從 Instagram 應用程式刪除自己的帳號。

2. 從「為什麼選擇刪除帳號？」旁的下拉式功能表中選擇理由，並重新輸入您的密碼。您必須先從功能表中選擇理由，然後才會看到可以永久刪除帳號的選項。

3. 點擊「永久刪除帳號」

如果您想刪除不同的帳號，點擊刪除帳號頁面右上方的用戶名稱，點按用戶名稱旁的「○」，並選擇「登出」。以您想刪除的帳號重新登入，並按照上述指示操作。

> 📖 **小貼士：**
> 如果您只是想清靜片刻，則可改為暫時停用您的帳號，詳情可閱讀前文「暫停帳戶」。

♡ ♢ ▽　　　34

CHAPTER

鋪出黃金路：
黃金PO文法則

2.01 濾鏡

拍攝或上傳相片或影片後，您可以套用濾鏡來加以編輯：

1. 點按「下一步」，點按您想套用的濾鏡。

2. 如果您想使用滑桿調整（向右或左）濾鏡強度，請再次點按「濾鏡」。點按「完成」儲存您的變更。

3. 點按「下一步」新增相片解說與位置，並分享您的相片。

Instagram有數十款濾鏡，一般分類如下：

a. 大　自　然：Valencia, Normal, Brooklyn, Amaro, Ludwig, Lark, Earlybird, Rise, Mayfair, Aden

b. 時　裝：Kelvin, Valencia, Nashville, Skyline, Normal, Slumber, Aden, Ashby, Reyes, Inkwell

c. 食物：Skyline, normal, Helena, Slumber, Aden, Brooklyn, Vesper, Sutro, Willow, Inkwell

d. 自　拍：Normal, Slumber, Skyline, Dogpatch, Aden, Valencia, Ludwig, Gingham, Hudsen, Ashby

♡ ○ ◁

至於較受歡迎的濾鏡，據統計，分別是：

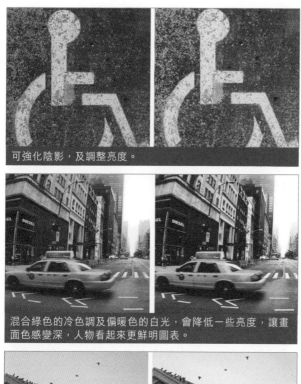

可強化陰影，及調整亮度。

混合綠色的冷色調及偏暖色的白光，會降低一些亮度，讓畫面色感變深，人物看起來更鮮明圖表。

Ludwig效果偏冷調的，就像拍立得相機營燥出來的質感。

另外，較受歡迎的效果亦包括Lark、Gingham、Lo-fi 和 Aden，筆者建議讀者可試試不同效果。

2.02 效果

您可以編輯您拍攝或從手機圖庫上傳的相片。拍攝或上傳相片後，點按「下一步」，然後點按畫面底部的編輯。深入瞭解您可以使用哪些效果：

1. **調整**（⬚）：可變更相片的垂直或水平透視
2. **亮度**（☼）：將相片調亮或調暗
3. **對比**（◑）：讓相片的亮部更明亮、暗部更陰暗
4. **結構**（△）：呈現相片的細節與質感
5. **暖色調節**（🌡）：將相片色彩調成偏向溫暖的橙色調，或清冷的藍色調
6. **飽和度**（◇）：提高或降低影像的色彩鮮豔程度（例如調高飽和度可讓紅色更加鮮紅）
7. **顏色**（⌒）：新增顏色（黃、橙、紅、粉紅、紫、藍、青或綠）至相片的陰影或亮部。點按兩下您要使用的顏色來調整色彩強度。
8. **淡化**（☁）：讓相片呈現懷舊風格
9. **亮部**（◑）：調整影像的重點亮區
10. **陰影**（◐）：調整影像的重點暗區
11. **暈映**（◉）：讓相片邊緣變暗。加入暈映效果，讓注意力從相片邊緣轉向相片中央。
12. **銳化**（▽）：增加影像的銳利度，讓相片更加清晰。
13. **移軸鏡頭**（◉）：讓相片呈現較淺的景深，或將焦點放置在背景中的物件來模糊前景。

♡ ◯ ◁

2.03 貼文說明

您可以編輯您拍攝或從手機圖庫上傳的相片。拍攝或上傳相片後，點按「下一步」，

您可以為已分享的相片或影片新增說明，增加文章吸引力。我們試分析一般受歡迎貼文的特質：

貼文配以幾句，清晰交代相片內容，並加上節目名稱的hashtag。

Butterfly 愷樂 (@butterfly092288)

除了使用hashtag外，貼文亦應加上合適的Emoji，來配合泡泡騷主題。

Bolin Chen(@chenbolin)

除了使用emoji和hashtag外，帖文亦可加入互動環節，例如「猜猜這是誰？」這可催谷人氣和留言量。

舒淇 (@sqwhat)

2.04 地點

您可以為已分享的相片或影片新增地點，或是編輯您原先加入的地點。

Instagram用家只要按下地點「蘭芳園」，便會出現所有公開帖子中，註明了LAN FONG YUEN 蘭芳園的相片，對營銷很有幫助，包括「打卡位」和受歡迎食物等。

> 📑 **小貼士：**
>
> 您的 Instagram 帖子中只能加入公開的 Facebook 地點專頁。若要建立新地點，請從您的智能手機登入 Facebook，然後建立地點。
>
> 在 Facebook 建立地點後，您就可以搜尋該地點並將其加到 Instagram 帖子中。

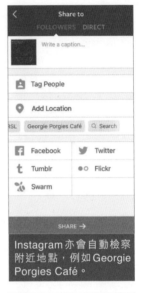

Instagram 亦會自動檢察附近地點，例如 Georgie Porgies Café。

Instagram 的位置搜尋：台北 101

2.05 合併相片

您可以使用 Instagram 的 Layout 應用程式，將多張相片合併為一，你可下載 iPhone 版或 Android 版 Layout 應用程式。

開啟 Layout 後，點按「所有相片」，便可查看手機中的所有相片。點按人臉偵測可查看人物為主的相片，點按近期相片則可查看最近使用的相片（最多 30 張）。

若要建立版面：

1. 瀏覽並點按您要使用的相片（最多 9 張）。您已選擇的相片上會出現「✓」。

2. 選擇所有您要的相片後，從螢幕上方點按您最喜歡的版面。

3圖合併為一

3. 點按版面中的圖片，即可編輯該圖片。

4. 完成編輯後，點按儲存並選擇要分享您的版面，還是儲存至相機膠卷。

> 📑 **小貼士：**
>
> 1. 您也能利用 Photo Booth 等應用程式拼貼相片，筆者推薦 Simple Booth、My Photobooth 和 Pocketbooth。
>
> 2. 您必須開放相機膠卷的使用權限，才能讓 Layout 使用手機中的相片建立版面。

2.06 主動標註

您可以在透過 Instagram 分享的相片或影片標註人名。透過主動標註人名，人氣較高的Instagram可以幫助商家宣傳。

若要在發佈相片或影片時標註人名，你只要：

1. 選擇相片或影片，並加上特效與濾鏡後，點按分享畫面中的標註人名。

2. 點按相片中的某人

3. 輸入他們的姓名或用戶名稱，並從下拉選單中選出正確的名字。

4. 如您沒看到要找的人，請點按「搜尋人名」（iPhone）或「搜尋用戶」（Android）。

詹子晴ㄚ頭小闆娘（@ava112411）主動標籤

Grace gift 是一個Taiwan original design brand

一般情況下，是由賣家（例如gracegifttw）付了錢/ 禮物/ 好處予 Instagram KOL（例如）詹子晴丫頭小闆娘（@ava112411），作為主動標籤的費用。

> 📑 **小貼士：**
>
> 1. 如您的 帳戶設定為「公開」，所有可以看到該相片或影片和被您標註的用戶都會收到通知。
>
> 2. 如您的 帳戶設為「不公開」，則只有經您批准的追蹤者可以看到該相片或影片，且您在相片中標註的用戶必須追蹤您才會收到通知。
>
> 3. 只有分享相片或影片的人可以標註人名，你不可以在別人的相片或影片標註人名。

2.07 被對方標註

若要查看其他人將您標註在內的相片和影片,請前往您的個人檔案,然後點按「👤」。透過標註其他Instagram KOL,可增加企業的曝光率。

您可以 選擇將這些相片和影片手動或自動新增到您的個人檔案。若要手動選擇要在個人檔案顯示的相片和影片:

1. 前往您的個人檔案,點按「☰」。

2. 點按「⚙」

3. 選擇有你在內的相片和影片

4. 點 按「 自 動 新增」或「手動新增」的旁邊

唐志中(@jluv1117)被某店標註了兩次。

⬚ 小貼士：

誰可以在您的個人檔案看到這些相片和影片，取決於您的能見度設定：

1. 貼文屬公開性質：任何人都可以在您的個人檔案中看到您被標註在內的相片和影片。

2. 貼文設定不公開：只有經過確認的粉絲才能在您的個人檔案看到您被標註在內的相片和影片。

3. 如果您不想讓其他人看見這些相片和影片，您可以從個人檔案隱藏您被標註在內的相片和影片或移除標籤。

4. 您也能選擇讓您被標註在內的相片和影片，必須經過您的手動批准才能出現在個人檔案中。

2.08 相片拍攝提示

一般 Instagram 的入行者，都應精通以下技巧：

1. 自動曝光/ 自動對焦鎖定（iPhone）

錯誤例子

正確例子

2. 點按以對焦（iPhone 及 Android ICS 或更新版本）

錯誤例子

正確例子

3. 微弱光源相片

利用效果，調節光源。

4. 光散景（刻意柔焦）

原圖　　　　　　修改後

5. 移軸及景深

原圖　　　　　　修改後

6. 水底攝影

水底相片非常受歡迎

7. 三分法（iPhone）

三分法即是把長度和高度平衡地劃分成三等份，變成九宮格。

8. #jumpstagram

拍攝跳躍照時，最重要是快門速度要高。

9. 使用 Lux

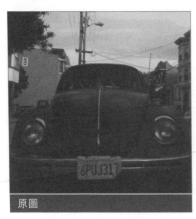

原圖

修改後

10. 使用高動態範圍攝影 (HDR)

HDR照片可以在一個畫面表達到更廣闊的光暗差

2.09 編輯相片

第一個要介紹的是TouchRetouch這應用程式，從照片上瞬間刪除不想要的內容。方法如下：

1. 用刪除物體工具，去除照片上的干擾物——選擇刷子或套索工具，標記想要刪除的內容，然後點選「Go」。

2. 刪除瑕疵，或用複製圖章工具複製物體。

3. 按照要求調整圖章半徑、羽化或不透明度

4. 使用橡皮擦擦掉剛才複製的內容

5. 按照要求設置橡皮擦半徑、羽化或不透明度

只需標記不想要的物體，就能讓它們從眼前消失。

第二個介紹的Adobe Photoshop Express，功能包括：

1. 降噪：將夜景和低光源照片上，不想要的顆粒及雜紋減到最少

2. 除霧：減少相片中的霧氣及霧化

3. 透視校正：只需點一下即可修正偏斜的透視圖！選擇自動（平衡或全自動），垂直或水平校正選項。

一旦您已完成照片編輯器或拼貼創作的作業，直接將完成的作品分享給 Instagram、Facebook、Twitter、WhatsApp 或其他您最喜歡的社交網絡。

🔖 **小貼士：**
試試其他免費的 Adobe Photoshop 流動應用程式：
1. Photoshop Mix：剪挖並合併來自不同影像、混合圖層的元素
2. Photoshop Fix：編輯臉部特徵、修復、調亮、液化、色彩
3. Lightroom Mobile：擷取、編輯、整理和分享專業品質的影像

除了上述程式外，讀者應可按個人需要，購買付費應用程式，筆者推薦Filterstorm 和 Straighten Image。

2.10 Hashtag 分享

Hashtag是指是指在社交網絡上，以井號(#)為起首的無空格字串，以標示帖文內容的各項相關主題，方便搜尋其他相關帖文。

1. Hashtag 數量

若專業在營運前期，Hashtag數量當然是愈多愈好，以增加曝光率；若專業已達一定追隨者，那麼Hashtag數量則貴精不貴多。

注意事項：一則貼文最多可使用 30 個標籤。如果單一相片／影片含有 30 個以上的標籤，您將無法發佈貼文。

2. Hashtag 質素

一般Hashtag可分為三個類別：

健身類（範圍較大）：#bodybuilding #fit #fitness

健身類（範圍較小）：#squatsbooty

健身類（熱門）：#photoftheday #throwback

3. Hashtag 搜索

網上有大量hashtag生產器，例如：https://all-hashtag.com

只要輸入這篇貼文想要使用的重點，例如Cat，點按下方的「Generate Hashtags」，便能產生 30 個最熱門的關聯hashtag (#)

♡ ◯ ◁

2.11 Instagram 送禮刷互動

陳云 Anna 的 Instagram

做網絡行銷工作的朋友，經營Instagram粉絲專頁的必用招數，是透過送禮物換取互動的行為。這些互動行為包括：

1. 讚

2. 留言

3. 標籤朋友

> **小貼士：**
> 可間接鼓勵粉絲多留言，例如上圖所指每位網友最多可留3次言。

活動結束後，您可透過Instagram Direct 向得獎者傳送訊息，
方法如下：

1. 點按右上方的「▽」，或從動態的任一位置向左滑動。

2. 點按右上方的「十」

3. 選擇您要傳送訊息的對象，然後點按「下一步」

4. 輸入訊息。您也可以點按「◉」拍攝限時相片或影片，或是點
   按「⌂」選擇您圖庫中的相片或影片。

5. 點按「↑」或「傳送」

> 🔖 **小貼士：**
>
> 若要取消傳送您用 Instagram Direct 傳送的訊息：
>
> 1. 點按動態右上方的「▽」
>
> 2. 選擇對話，並前往您想取消傳送的訊息
>
> 3. 按住訊息，然後選擇取消傳送
>
> 取消傳送訊息後，對話內的用戶就不會再看到該則訊息。
>
> 請記住，收到訊息的用戶可能已經看過訊息內容。

♡ ◯ ▽

2.12 Instagram 群組

網上群組形式銷售愈來愈流行，包括WhatsApp群組、Facebook群組等，但原來大部分人都不知道Instagram可以設立群組。

您可以向 2 位以上的用戶傳送訊息，藉此在 Instagram Direct 中建立新群組對話。若要建立新的群組對話：

1. 點按動態右上方的「▽」

2. 點按右上方的「＋」

3. 選擇您要傳送訊息的對象（2 位以上），然後點按「下一步」。

4. 輸入訊息、點按「⊡」（從圖庫選擇相片或影片），或點按「◉」拍攝新的相片或影片。

5. 可自行加上效果、濾鏡和相片說明

6. 點按「傳送」

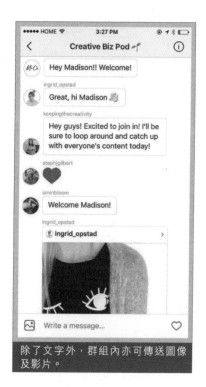

除了文字外，群組內亦可傳送圖像及影片。

建立群組對話後，您就可以為該對話命名。若要為群組對話命名，請點按對話右上方的「ⓘ」，並在標示群組名稱的空格中新增名稱，然後點按「完成」。

> 🔖 **小貼士：**
> 將某人加入群組對話後，對方就可以看到先前出現在對話中的訊息(限時相片和影片除外)。

2.13 限時動態

「限時動態」是指發佈的貼文在24小時後會自動消失。雖然Facebook和WhatsApp均有同樣功能，但使用此項功能的人很少。相反，大部分Instagram用家均會善用限時動態。

若要使用 Instagram 應用程式將相片或影片分享到限時動態，方法如下：

1. 點按畫面左上方的「◎」，或於動態消息的任何位置向右滑動。

Dior在限時動態可加入投票元素，增加互動成份。

♡ ○ ▽   58

2. 點按畫面底部的「◯」即可拍照，按住則可錄製影片。若要從手機圖庫選擇相片，請在畫面任一處向上滑動。

3. 點按「✐」、「Aa」或「☺」，即可在相片或影片上塗鴉、加入文字或貼圖。若要移除文字或貼圖，請將其拖放到畫面底部的「🗑」。

4. 當準備好分享時，請點按左下方的「限時動態」。

「票選活動」、「喜愛程度」與「問問題」，都是 Instagram 用戶三種最常用的功能。

2.14 典藏限時動態

在 Instagram 建立和分享的限時動態會自動儲存至「限時動態典藏」，因此您不需再將限時動態儲存至手機。您可以隨時在設定中關閉「限時動態典藏」。

Superdry 有六個限時動態典藏

若要開啟或關閉「限時動態典藏」：

1. 前往個人檔案，並點按右上角的「◯」（iPhone）或「⋮」（Android）。

2. 向下捲動至「隱私設定」和「帳號安全」，點按「限時動態控制項」。

3. 點按儲存到典藏旁的「●」

注意事項：限時動態自動刪除後，只有您可看到儲存在典藏中的限時動態。如果您在限時動態自動刪除前，將其相片或影片刪除，則系統不會將該則限時動態儲存至您的典藏。

2.15 限時動態內容①：效果

1. 變臉濾鏡

使用變臉濾鏡拍照或錄影，請點按「☺」，然後選擇畫面底部任一濾鏡。使用前置鏡頭或後置鏡頭時，您選擇的濾鏡會自動套用到距離鏡頭最近的人臉上。

變臉特效包羅萬象，讓您化成各種令人發噱大笑的角色。

> ⬜ **小貼士：**
> 若要在錄影時縮放鏡頭，只需使用單指點按並按住以開始錄影，然後用同一隻手指向上或向下滑動。

♡ ◯ ◁

2. 聚焦模式

若要以聚焦模式拍攝人物的相片或影片，請點按畫面底部的「聚焦」。拍攝人物的聚焦相片或影片時，對方會停留在焦點中，且背景會呈現一片模糊。

聚焦模式只有在相片或影片中出現人物時，才會發揮作用。

> **☐ 小貼士：**
> 點按「超級變焦」，即可錄製能鎖定物體自動將鏡頭拉近並搭配戲劇化音效的影片。點按畫面任何一處以選擇要拉近特寫的區域或物體，接著點按底部的圓圈開始錄影。

3. 倒帶

點按畫面底部的「Boomerang」，然後點按底部的圓圈來拍攝一連串可向前和向後循環播放的相片。若要以不必按住畫面的方式錄影，請在畫面底部向左滑動，然後點按一按即錄。點按一次即可開始錄影，或是按住按鈕來查看計時器（顯示開始錄影的倒數計時）。

若要拍攝可以倒轉播放的影片，請點按畫面底部的倒轉。按住即可開始錄影，或是點按一下開啟「一按即錄」模式。

> **☐ 小貼士：**
> 試試看放掉手中的麥克風，然後看它往上飛回您的手中，或是拍攝湧出的噴泉，然後分享倒轉影片，看泉水如何往回流。

2.16 限時動態內容②：文字

無須上傳相片或影片，點按畫面底部的文字，便可使用不同的文字樣式和背景，分享您的心情。

1. 點按頂端的按鈕可變更文字樣式，點按左下角的圓圈可變更背景色彩。

2. 點按右下角的「◎」可新增背景相片

3. 點按「＞」可新增更多項目（如「貼圖」），完成後分享到限時動態。

你亦可以選擇下列創意工具：

1. 新增表情符號

2. 點按「◎」，並使用滑桿以調整文字大小

3. 點按「≣」，將文字置中、向左或向右對齊

> 🔖 **小貼士：**
> 你可用兩指捏合並縮放，即可旋轉及調整文字大小。

♡ ◯ ◁

2.17 限時動態內容③：塗鴉

點按「🖊️」在相片或影片上塗鴉。您可以於此介面執行下列創作：

1. 利用畫面頂端的選項，選擇其他筆刷和繪畫工具

2. 點按左下方的「🙂」並調整滑桿，即可調整筆觸的線條粗細。

普通的塗鴉　　較為複雜的塗鴉

3. 點按畫面底部的顏色列，即

可選擇畫筆的顏色，往左滑動可查看更多顏色；或按住圓圈取得更多色彩選項。您也可以點按並拖放「🖌️」，從相片或影片中選擇顏色。

「塗鴉」之所以愈來愈受歡迎，是因為另一應用程式snapchat亦設塗鴉功能。

unda da sea.

snapchat 的塗鴉功能

2.18 傳送訊息

Instagram Direct 可讓您向一位或多位用戶發送訊息。您可以透過 Instagram Direct 的訊息功能發送下列內容:

1. 您拍攝的或從圖庫上載的相片或影片

2. 動態中顯示的帖子

3. 限時相片和影片

4. 個人檔案

5. 文字

6. 主題標籤

7. 地點

若要查看您使用 Instagram Direct 發送的訊息,請點按動態右上方的「▽」。在這裡,您可以管理已傳送及接收的訊息。

> 🔖 **小貼士:**
>
> 如使用 Instagram 秘道傳送動態消息帖子,則只有他們原本的分享對象才看得見。例如,若是以訊息傳送來自不公開帳戶的帖子,則只有追蹤該帳戶的用戶才能看見這則帖子。

注意事項：使用 Instagram 秘道傳送的相片或影片無法從 Instagram 分享到其他網站（如Facebook 或 Twitter），且不會顯示在主題標籤和地點頁面。

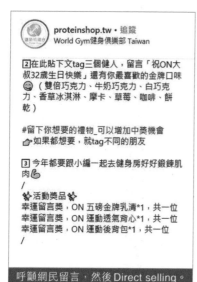

呼籲網民留言，然後 Direct selling。

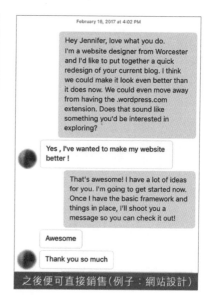

之後便可直接銷售（例子：網站設計）

若您亂向大量戶發送direct message，就容易被Instagram ban 帳戶；若讀者有興趣，並留了言，您便可直接Direct message再銷售。

2.19 封鎖用戶

若要禁止某些用戶的惡意留言，可把帳戶封鎖。

封鎖他人的方法如下：]

1. 點按用戶名稱以瀏覽對方的個人檔案

2. 點按右上角的「•••」(iPhone/ iPad) 或「⋮」(Android)

3. 點按「封鎖」

注意事項：封鎖某些人後，系統並不會移除他們 對您相片和影片按的讚和留言。您可以從貼文中刪除他們的留言。

當您封鎖某人後，對方將無法找到您的 Instagram 個人檔案、貼文或限時動態。當您封鎖某人時，對方不會收到通知。

受歡迎的專頁容易受到攻擊

66

然而，被您封鎖的用戶仍能在他們追蹤的帳號或公開帳號上，看見您對這些帳號所分享貼文的按讚及留言。

把帳戶「拉黑」，會把自己的Followers數目減少；一個較聰明的做法是禁止他們回應您的貼文，但可以查看您的相片和影片，只是無法留言。方法如下：

1. 前往您的個人檔案，點按「三」

2. 點按「◯」

3. 點按「留言控制項」

4. 點按封鎖留言的對象旁邊的用戶「＞」

5. 輸入您要封鎖對象的姓名，然後點按其姓名旁的「封鎖」

同樣，封鎖用戶禁止其回應您的貼文，並不會移除他們之前的留言。

2.20 回覆客戶

在您的留言中提及他人，就可以在留言對話串中回覆對方。對方會在活動動態中收到查看留言的通知。

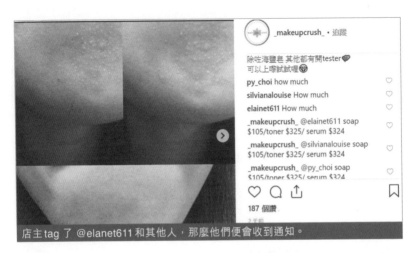

店主tag 了 @elanet611 和其他人，那麼他們便會收到通知。

若要在 iOS 裝置上回覆他人：

1. 前往該相片或貼文

2. 點按任一留言

3. 點按回覆並新增您的留言

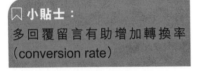

小貼士：
多回覆留言有助增加轉換率
（conversion rate）

您也可以在留言對話串中按住用戶名稱，即可在自動提及該用戶名稱的情況下開始留言。

CHAPTER

讓粉絲
不請自來的秘密

3.01 開始直播

您可以分享直播視訊，與粉絲進行即時交流。一般來説，直播的好處是跟網友有即時互動，不少模特兒會直播化妝情況，並解答網友疑問和推介產品。

若要開始直播視訊：

在直播推銷化妝品

1. 點按畫面左上方的「◎」，或於「動態消息」的任何位置向右滑動

2. 點按畫面底部的直播，然後點按「開始直播」

3. 畫面頂部會顯示觀眾人數，底部則會顯示留言

4. 點按留言可新增留言，按住留言則可將該則留言置頂，方便觀眾查看。

◻ 小貼士：

若收到競爭者的惡意攻擊，你可關閉留言功能。請點按「•••」，並選擇關閉留言功能。請注意：您所開啟的任何關鍵字篩選條件，也適用於直播視訊的留言。

除非您在限時動態上分享直播重播，否則將無法再透過應用程式查看直播視訊內容，我們將於下章探討。

♡ ◯ ◁

3.02 儲存直播

結束Instagram的直播視訊後，點按右上角的「儲存」，即可將視訊儲存至您手機的相機膠卷。

請注意：這只會儲存視訊，並不會儲存留言、讚和觀眾等內容。您僅能於直播視訊結束後儲存視訊，且只有您會看到儲存直播視訊的選項。將直播視訊儲存至手機可能需要一點時間，尤其是長度較長的視訊。

直播視訊結束後，您亦可以分享直播。直播重播會保留原始直播視訊收到的所有「讚」和留言。直播視訊的觀眾人數包括觀看現場直播視訊，以及直播重播的所有人數。

若您未將直播重播新增為精選動態，這些內容就和其他分享到限時動態的相片和影片一樣，會在 24 小時之後，從粉絲的動態和您的個人檔案消失。

Live影片可發表到Stories，維持24小時的重播時間。

3.03 與朋友一起直播

我們提供兩種方式讓您在 Instagram 與朋友一起直播。您可以邀請朋友加入您的直播視訊，或是要求加入朋友的直播視訊。

若要在開始直播後邀請朋友加入：

1. 點按畫面左上方的「◎」，或於動態消息的任何位置向右滑動。

2. 點按畫面底部的「直播」，點按「開始直播」。

朋友直播功能，打破地域介限。

3. 點按「◎」

4. 點按朋友的姓名，邀請他們加入您的直播視訊（請注意：您只可以邀請正在觀看您直播視訊的朋友加入直播視訊）

5. 如果朋友接受了您的加入邀請，您會看見他們出現在分割畫面中；但如果他們拒絕邀請，您也會看見通知。

6. 您可以隨時點按分割畫面右上角的「×」，移除您邀請加入直播的朋友

若要在觀看朋友的直播時要求加入，你只需要：

1. 當您看到要求加入直播視訊的選項，點按「要求加入」。

2. 點按「傳送要求」

3. 如果對方接受您的要求，您會收到即將加入直播視訊的通知。

3.04 IGTV

用戶可透過您的頻道觀看您上傳至IGTV的影片。您必須先建立頻道，才能在IGTV發佈影片。

若要建立頻道，可通過以下途徑：

1. 透過Instagram或IGTV應用程式：

    a. 點按動態右上方的「📷」，或開啟IGTV應用程式

    b. 點按「⚙ > 建立頻道」，並按照畫面上的指示操作

2. 透過Instagram.com網站：

    a. 開啟網路瀏覽器，前往Instagram.com

    b. 前往您的個人檔案，然後點按IGTV

    c. 選擇建立頻道，並按照畫面上的指示操作

注意事項：您的頻道會套用您Instagram帳號的隱私設定

以下提供幾個簡單秘訣，協助您透過IGTV著手創造曝光機會：

(i) 分享原創內容：在影片中展露您最擅長及熱愛的事物，這類內容最能吸引觀眾互動。

自然與美人

(ii) 凸顯自己的人格特質：在影片中展現最真實的自我，有助於吸引觀眾回流。

運動和汽車粉絲

(iii) 主題一致：頻道主題應維持一致。如此一來，粉絲會迫不及待回到您的頻道，也能預期下次在頻道上看到的內容。

狗狗主題

3.05 刊登廣告

您可直接從Instagram應用程式刊登廣告。首先,您必須在Instagram上轉換為商業檔案。

1. 前往您的個人檔案,然後點按「三」

2. 點按「○」

3. 點按「切換為商業檔案」

4. (選用)如果您想將Instagram帳號連結到現有Facebook粉絲專頁也沒問題,但這並非強制要求。若您打算為Instagram商業檔案搭配使用第三方應用程式,那麼您必須將商業檔案連結到Facebook粉絲專頁

5. 新增詳細資料,像商家或商業檔案的分類、聯絡資訊等

6. 點按「完成」

英文帳戶為switch to business profile

在這樣的情況下,您的商業檔案只能連結一個Facebook粉絲專頁。

使用商業帳號即可使用全新的商務功能與Instagram洞察報告。
這些工具能幫助您更瞭解在Instagram與您商家互動的用戶，
也可以在「設定」中隨時調整商業檔案的隱私設定。

3.06 廣告以外的方法

創造大家都想在他們Instagram動
態消息看到的高品質品牌內容，就
是增長粉絲人數、穩固彼此關係的
最佳方法。建立高品質內容也有助
於讓粉絲以外的用戶發現您的帳
號，無論是在搜尋與探索「Q」或
在活動紀錄（用戶可以在這裡看到
他們追蹤對象按讚的貼文）都能提
升被發現的機會。

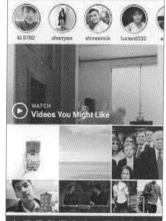

在搜尋與探索中，用戶會看到
來自尚未追蹤的帳戶所發佈的
內容，亦可能可在此看到喜歡
的相片或影片，也可能看到
Instagram 社群所整理出的主題。

將 Instagram 做為每天業務及行
銷的一環，也可以幫您擴大粉絲
群。例如：

1. 在您的零售店面貼出附有您Instagram帳號的店招，或在電
   子郵件或明信片的通訊中提及您的帳號

2. 在新聞稿中提及您的帳號

3. 利用其他平台宣告您的Instagram帳號（如Facebook或
   Twitter），或在您的網站首頁加上連結

3.07 呼籲按鈕

所有商家均可使用呼籲按鈕。您可以在Instagram商業檔案中，加入下列行動呼籲按鈕，包括：

1. 購票：購買電影票或活動門票

2. 開始點餐：向精選餐廳點餐

3. 預約：預約服務

4. 訂位：向餐廳訂位

步驟： 在商業檔案中加入「行動呼籲按鈕」，前往Instagram商業檔案：

餐廳行動按鈕示例：預訂與致電

a. 點按「編輯個人檔案」

b. 點按「商家資訊」底下的「聯絡選項」

c. 點按「新增行動呼籲按鈕」

d. 選擇要新增至商業檔案的行動呼籲按鈕

e. 點按「提交」

有些餐廳更設「開始點餐」按鈕，方便顧客直接從Instagram商業檔案訂購他們的食品。

3.08 購物功能

Instagram 的購物功能可創造出身臨其境的消費體驗，讓用戶彷彿走進實體店面般，瀏覽各項熱銷商品。Instagram 的購物功能讓您能在自主貼文和限時動態上分享精選產品，也能讓用戶透過「搜尋與探索」功能來探索您的產品。

不過，您的商家和帳號符合必須以下要求，才可設定 Instagram 購物功能：

1. 您的 Instagram 帳號必須代表主要販售實體商品的商家。此帳號必須轉換為商業帳號。

2. 您商家的 Facebook 粉絲專頁不可設定國家/地區或年齡限制，亦不能使用購買訊息。

3. 您的 Instagram 商業檔案必須與 Facebook 目錄連結。(下章再談)

產品說明和價格

限時動態設直接將用戶導向購買產品網站的連結

3.09 將 Instagram 商業檔案與 Facebook 目錄連結

前文提及您的 Instagram 商業檔案必須與 Facebook 目錄連結，才可設定購物功能。以下提供兩種目錄連結的方法：

方法一： 新增商店專區至 Facebook 粉絲專頁

1. 將 Facebook 粉絲專頁範本變更為購物範本：

    a. 點按粉絲專頁頂端的設定，選左欄的「範本」和「頁籤」

    b. 在「範本」下方，點按您現有範本旁邊的「編輯」

    c. 在您要套用的範本旁，點按查看詳情

    d. 檢視粉絲專頁的新按鈕與頁籤，點按「套用範本」

    e. 點按「確定」

2. 同意商家條款，請點擊「設定商家」

3. 輸入您的公司地址並點擊「下一步」

4. 選擇幣別並輸入與您商家粉絲專頁相關聯的電郵地址

5. 點按「下一步」

注意事項：系統可能會根據您粉絲專頁的地址自動為您選擇幣別。此幣別將套用至所有產品且無法變更。（除非您刪除現有商店並另建新商店）

6. 為您有業務據點的地點籍編號，點按「完成」

7. 新增產品至商店

方法二：使用企業管理平台的目錄

1. 前往企業管理平台帳號https://business.facebook.com/overview，該帳號必須擁有您Instagram商業帳號所連結的Facebook粉絲專頁。

2. 以您的企業管理平台帳號建立新目錄，或找到您要在Instagram購物功能使用的現有目錄。

3.10 編輯主打產品

超多用戶在編輯主打產品遇到不少問題，本節特意解答：

1. 您可以編輯或刪除在 Instagram 單一圖像貼文中標註的產品。若貼文中含有多張圖像，發佈後就無法編輯或刪除標註的產品。

2. 如果您已新增產品貼圖至 Instagram 限時動態，則必須刪除並重新分享該限時動態，才可以編輯或刪除產品貼圖。

3. 如果刪除 Facebook 上的產品或與商業檔案連結的產品目錄，主打該產品的貼文中的相關標籤和貼圖也會一併遭到移除。

4. 如果從 Instagram 購物功能所使用的目錄中刪除產品，所有標註該產品的 Instagram 貼文中的相關標籤也會一併移除。

5. 如果只是切換 Instagram 購物功能所使用的目錄，現有的產品標籤不會因此移除、刪除或變更。您可以前往 Instagram 應用程式設定下的購物功能，切換您要在購物貼文中使用的目錄。

3.11 商家功能答問

Q1：我可以在貼文中標註產品和用戶嗎？

A1：您目前無法在一則貼文中同時標註用戶和產品。

Q2：付費廣告是否適用於Instagram購物功能？

A2：不適用。在動態消息貼文標註產品以及在限時動態新增產品貼圖的功能，目前只適用於自主貼文。企業商家無法推廣購物貼文或限時動態。

Q3：我想要在Instagram貼文中標註的產品為何無法顯示？

A3：目錄中的每件產品皆須接受審查，確認是否違反政策。若您無法標註產品，可能是因為該產品未獲批准，或是已證實為重複的產品。

Q4：我在Instagram標註的產品未獲得批准，我該怎麼辦？

A4：您可以提出申訴，然後Instagram會再次展開審查。

> 🔖 **小貼士：**
> 下列產品一律不接受~
>
> 活體動物、色情物品、醫療產品、數位下載及無商業意圖的貼文（例如搞笑圖片）

Q5：我已將目錄與 Instagram 連結，為什麼還是無法在貼文標註產品？

A5：一般是三個情況：

(a) 透過Shopify或BigCommerce使用Facebook商店，但連結至這些平台的Facebook帳號與連結至Instagram商業帳號的不是同一個帳號

(b) 透過Facebook粉絲專頁建立的商店如有國家/地區或年齡限制，恕不支援產品標註功能。此外，亦不支援「購買訊息」選項

(c) 使用企業管理平台的目錄，但企業管理平台未擁有或可以存取目錄。

粉絲專頁的所有權無法轉移至其他企業管理平台，但如果自原本的企業管理平台移除粉絲專頁，便可將其新增至其他企業管理平台。

若要新增粉絲專頁，您必須同時是該專頁的管理員或先要求取得存取權限。

3.12 洞察報告

點按貼文圖像底下的「檢視洞察報告」，即可瀏覽所有企業管理平台洞察報告。您可使用洞察報告工具依各種衡量指標排序熱門購物貼文。

方法如下：

1. 前往「商業檔案」

2. 點按右上角的「┃┃┃」

3. 點按貼文部分的「查看更多」

4. 點按「下一頁」的頁首

官方資料太少，之後會建議其他分析工具。

現在，您應該可以依指標篩選含產品標籤的貼文。您在商業檔案的洞察報告內，也能按不同衡量指標排序熱門購物貼文。

> 🔖 **小貼士：**
> 若您的客群遍及全球，您可善加利用Instagram購物功能，包括參考您商業檔案的洞察報告，選擇語言和幣別與您商業檔案的客群最為相關的目錄。

3.13 品牌置入內容

Instagram 對品牌置入內容的定義如下：在涉及價值交換的情況下，介紹某企業合作夥伴或受其影響的建立者或發佈者內容（例如企業合作夥伴付費給建立者或發佈者的內容）。根據 Instagram 的政策，建立者或發佈者和企業合作夥伴之間有利益交換時，建立者或發佈者必須在品牌置入內容中標註企業合作夥伴。

Xenia Tchoumi (@xenia)
在與企業合作

某些帳號在動態消息貼文或限時動態分享品牌置入內容時，可以提及企業合作夥伴，藉此表示這些帳號與該企業合作夥伴間有商務關係，且分享品牌置入內容可讓發佈者享有某種形式的利益。您標註合作夥伴後，用戶會在您的貼文上方看到品牌合作。

注意事項：品牌置入內容貼文與您在 Instagram 上看到的廣告不同，您目前無法推廣品牌置入內容貼文。

若要搜尋企業，請點按標註企業合作夥伴。請注意：企業合作夥伴必須設有商業檔案才會顯示於搜尋結果中。如果企業顯示在搜尋結果中，但不允許您標註它，請與您的企業合作夥伴聯絡，請求批准標註。

為貼文新增標籤後，企業合作夥伴便會收到通知，且有權瀏覽該則貼文的行銷分析數據。

3.14 企業合作夥伴

企業合作夥伴可事先設定批准建立合作夥伴的標註要求，省去逐一批准每個標註要求的麻煩。

方法如下：

1. 點按「👤」前往您的商業檔案，然後點按「☰」

2. 點按「企業管理平台」設定下的「品牌置入內容許可」

企業合作夥伴可就他們被標註的品牌置入內容，查看相關的行銷分析數據。

如果您想批准可在貼文中標註您的建立者或發佈商，請將需要核准開關切換為「開啟」。

從 Facebook 粉絲專頁查看分析數據：點按「洞察報告→品牌置入內容」。

從企業管理平台查看分析數據：在衡量與分析下方，點擊品牌置入內容。

若是動態時報貼文，企業可看見觸及人數和互動率。若是限時動態，被標註的企業合作夥伴可在14天的期限內，查看品牌置入內容的觸及人數。

換言之，限時動態的分析數據只會保留14天。

3.15 刊登廣告①：類別

接下來五篇我們將詳細探究刊登廣告的秘訣。本節將重心放在廣告類別，IG廣告分為五大類：

① 相片廣告

② 影片廣告：影片廣告現在支援橫向與正方形格式，影片長度上限為60秒。

③ 輪播廣告—用戶只要滑動手指，即可查看單一廣告內的其他相片或影片。

④ 限時動態廣告

⑤ 精選集廣告

3.16 刊登廣告②：目標

刊登廣告目標分三大類，每類目標亦可細分：

① 品牌認知

一般人認為「品牌認知」等同於提高觸及人數，其實企業亦應著重觸及率與頻率。又，要提高品牌知名度的同時，企業亦應打響本地市場知名度。

② 觸動考量

挑動潛在顧客的好奇神經，藉此提高網站點擊和觀看影片次數，帶領他們深入瞭解您的產品或服務，最終提升專頁觸及率與頻率。

③ 轉換行動

透過Instagram動態廣告，提高網站轉換/產品銷售業績或行動應用程式的下載次數/安裝/互動，甚至帶動來店人潮。

SK-II發現他們可以藉由Instagram Stories廣告，提高旗下「超肌因光感系列」護膚產品在日本的品牌知名度。

Netmarble Games廣告採用直向格式（限時動態），以精心設計的畫面引起受眾對於《MARVEL未來之戰》這款行動遊戲的興趣。

Michael Kors以簡短、節奏快速且高度相關的影片，來觸及千禧世代的年輕女性。

3.17 刊登廣告③：設定

再提提各位讀者，您必須擁有
Facebook 粉絲專頁，才能在
Instagram 上刊登廣告。設定廣
告時，你要先在廣告管理員選擇
「廣告目標」（可參考●）、「目標
廣告受眾」和「廣告格式」（可參
考●）。

你的行銷目標是什麼？

您可以同時揀多個選項，不過筆
者建議不要一次選得過多，因為
這可能會使目標受眾規模過小，
且過於鎖定特定族群，導致廣告
成效不佳。

選擇廣告組合的目標受眾時，您可
以建立新的廣告受眾或使用已儲存
的受眾。

注意事項：年齡資料是來自用戶
自述的資料，意思是用戶註冊使
用我們的服務時，會提供其年齡資料。

在廣告預算方面，Instagram 與 Facebook 廣告的收費機制幾乎
相同，皆由廣告業主自行選擇出價類型，設定預算。就算預算
不高也可使用。筆者經驗中我知 Instagram 的用戶分布中，最
多者為 15 至 35 歲的年輕族群。因此，瞄準年輕族群來設定廣告
的目標受眾，效果會比較明顯。

準備好刊登廣告後，點擊「發佈」。廣告通過審查、準備開始刊
登時，您便會收到通知。

3.18 刊登廣告④：購買廣告

Instagram廣告學問深奧，在此介紹不同方法購買廣告：

詳情可登入https://instagrampartners.com/

只要選擇您想推廣的貼文，然後在應用程式中追蹤查看該貼文並與其互動的人數即可。

您可以透過桌上型電腦和行動裝置使用廣告管理員。

1. Instagram合作夥伴

您可以請Instagram合作夥伴幫您購買廣告、發想創意或投放廣告。所有合作夥伴都是其相關領域的專家，且通過Instagram審查和驗證，非常可靠。

2. 從應用程式刊登廣告

另一個較簡單的方式，就是推廣您在Instagram分享的貼文。

3. 廣告管理員

「廣告管理員」與Facebook使用同一套功能強大的廣告工具，方便您針對Instagram行銷活動、廣告組合和廣告進行設定、變更內容及查看成效，在同一處完成所有工作，詳情可參考前文。

3.19 驗收帳戶①：帳戶設定

身邊太多朋友去光顧 Instagram 服務，就是讓人家如您起一個帳號，究竟這個帳號是否專業？接下兩節我們將詳細研究。

① 一定要加了網站連結

② 相片附上超連結

③ 得到 KOL 的推廣

④ 影片宣傳帶有連結

⑤ 加入了 Instagram 廣告

沒有以上5點，您只等同於跟一個小學生買帳號。

3.20 驗收帳戶②：圖片質素

除了帳戶設定外，圖片質素是 Instagram 的致勝關鍵，從以下數點便可得知該人是否 Instagram 專家。

創意構圖

圖形對稱

燈光效果

角色專頁要的是 Self-Portraits，而不是 Selfies。

加入濾鏡

Agency
如何管理 IG 帳戶

4.01 不用手機拍照

進入高階論理，本章將談及 Agency 和大公司究竟如何有系統地把 Instagram 做好。第一樣就是不能夠再用你的手機拍照。

你去旅行、大宴會、結婚都不會用手機拍照吧！傳統相機在質素上一定比相機優勝。

外國攝影師放在 Instagram 的相片 (@benkepka)

至於什麼型號相機較好？都是要看大家的拍攝專業程度，一般來說，幾萬塊都已經可以。

近年相機生產商有見及此，製作出一系列能直接從相機把照片上傳到社交網站應用程式。

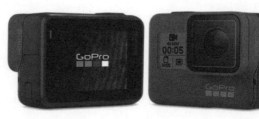

較便宜的相機，例如圖中的 GoPro HERO6，都具 Wifi 功能，可把相片傳到手機，再經手機上載至 Instagram。

但筆者絕不建議這樣做，下回講解什麼時候才會使用手機玩 Instagram。

4.02 專業修改相片

現在手機的 App store/ Play store 有大量的修改相片程式，但要成為專業的，必不少得當然是電腦專業修圖軟件。

1. Photoshop

Photoshop 是眾多專業修相程式中，較為上手、易用，和廣為人熟悉的程式，這亦方便設計師交收檔案。

Photoshop 的修改相片一面

2. Illustrator

在Instagram經常會加上大量「特殊字形」。在https://cooltext.com等網站有大量簡單即用的字形,唯專業人士一定會用Illustrator設計相關字眼,才能設計出最能襯托相片的字形。

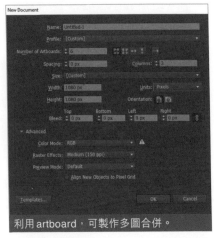

利用artboard,可製作多圖合併。

6個artboard示例

3. Lightroom

若您完全學不會上述程式,可用一個能用平板電腦操作的程式lightroom,作為入門版。

Lightroom filter效果示例

4.03 獨家濾鏡

不少人經常去競爭者對手的專頁「左抄右抄」，包括對方用的濾鏡，但是怎樣抄卻找不到對方用濾鏡。一個專業的IG玩家，當然會自創濾鏡，不會讓競爭者容易抄襲。

根據各大市場機構調查，Instagram的確會自動提升使用精美濾鏡的帖子。

亮水濾鏡 (@jaceyduprie)

Create preset即自創濾鏡框框

作為專業人士，一定會用adobe lightroom。

本書下一章將會介紹一些簡單自創濾鏡的手機應用程式，亦方便玩家初步學起，做一些簡單創作。

城中熱話

自己創作專頁熱門話題當然是最好不過，但想題材真的非常考功夫，去模仿他人的帖子，延續城中熱話，是更好的做法。

網絡熱話，男生最帥的時候。

若畫功不夠好，可以利用短片形式，以加入第一身元素。

台灣 HIStory2 系列網劇《是非》

若不懂畫圖，又不想用影片，可以嘗試評論的方式去把這潮流題材發揮。

4.05 自創話題

這是Instagram中最直接吸讚和爆紅的方法，但要自創一個話題真的很有難度和挑戰性，今節將送給大家幾個方向。

1. 衣著爆紅

如前文提及，現在賣胸、「爆乳」根本不是走紅的方法，反而Cosplay是另外一種血路。

2. 爆笑

寵物、老人家、小朋友等都是容易創作爆笑、可愛的題材。

3 潮流控

黑科技命中率很高，相信筆者喔！另外節日好去處推介和新餐廳介紹也是可以的。

4. 漫畫

自創漫畫的爆熱程度最視乎的不是精美度，而是您的畫風。

四小時吸讚過千

那對夫妻 Nico&Kim 與妮妮

那對夫妻 Nico&Kim 與妮妮

香港著名插畫家

4.06 九格目標

每一個Hashtag都會顯示九個熱門帖文,把自己帖文打進去這九大格子,是吸讚的最佳方法。

#photooftheday 的九格熱門帖子

1. 品牌 Hashtag

自我創作品的Hashtag,是最容易捧為熱門話題。本書稍後章節亦會介紹相關程式,量度自創Hashtag的有效度。

2. 冷門 Hashtag

愈熱門的Hashtag,達成目標困難度愈高,這跟SEO道理是一樣的。同樣地,一些冷門Hashtag較容易打進為熱門話題。

Black Fox Coffee 以自家品牌 #blackfoxcoffeeco 作為 hashtaga

3. 半熱門 Hashtag

這跟SEO的道理相近,熱門Hashtag難應付,那便找一些半熱門,取易不取難!

4.07 帳號擴散

有些企業會有多個Instagram帳號，有些網台則只設一個。兩個做法各有利弊，本書在最後章節將分享大量相關例子。我們在這節會針對從技術層面上，探究如何做到帳號擴散。

1. 多部手機？

Instagram規定每個智能裝置最多同時只能擁有6個帳戶，如果你想開十幾個帳號的話，那就要準備多幾部手機了。

2. 以個人與商戶分類

最普通的分類方法就是個人一個帳戶，商店另一個帳戶，這樣就能發揮協同效應：追蹤你個人帳戶的人會去追蹤你的網店，反之亦然。

3. 以商品分類

商品分類就是把為不同商品設專頁，準則就是不同專頁能有清晰的分別。

Presslogic 以不同品牌分類

4. 以地區分類

最常見就是語言不同，所以要設多個專頁。

因應多倫多與東京言語不同設不同專頁。

5. 以顧客分類

一般是指以性別/ 收入去劃分不同專頁。

專為女性而設的運動品牌專頁。

專頁劃分最大的好處是能把專頁較定為一個清晰位置，壞處就容易把讚分散了，而且經營多個帳戶亦需花費較大的行政成本，本書最終章人會介紹多個平台，助你同步管理數十個Instagram專頁。

4.08 單一帳號

單一帳號只適用於名人，就是透過自身的知名度與吸引力，把產品/ 廣告/ 活動推銷出去。這個做法有一定的難度，太多廣告則會燃燒了您的粉絲，打個例子，我想追蹤的是周杰倫的專頁，而非周杰倫接了的廣告帖子。

在筆者的經驗中，透過單一專頁發放廣告，每次都會少了一點粉絲，所以大家務必注意。

1. 10個帖子只能有 1-2個廣告

為了粉絲的感受，單一專頁須多發帖，才不會讓追蹤者失望。

哪個是廣告？你懂的。(@yoki.tong)

2. 廣告內文須配合專頁主題

一個女明星跟你說：「這個化妝品好用」，跟一個女明星說：「今天用了這個化妝品出席活動」，當然後者的說法較易為人接受。

一看便是廣告，吸讚能力一定大大降低。

3. 廣告須送禮物

廣告的「讚」與「心心」比一般帖子少，這是各大廣告客戶所憂慮的。在廣告帖子內，多做互動和發送禮物，可以增加帖子的換轉率。

一看便是廣告，吸讚能力一定大大降低。

單一帳戶看似管理簡單，實際上管理不好是把自己的粉絲數量拿去Barbeque，所以大部分企業都會另設新專頁。

4.09 粉絲建立

每個成功的專頁都需要一定的忠實粉絲,就是要他們逢帖必讚、必定留意、一定介紹給朋友。最重要的是,他們可給予您寶貴的意見。

以下三個方法,助您建立自己的粉絲團:

1. 福利派禮

這是人性最現實、而且最快捷的方法,你亦可趁機跟他們私訊(Direct message)

2. 建立聊天室

聚集了一定的粉絲,您便可以跟他們開一個聊天室(方法可參考前文),這樣便可以保持一定的聯繫。

3. 網聚/ 群聚/ 內定優惠

定期在專頁發佈關於忠實粉絲的限定優惠和活動,可吸引更多人成為您的忠實粉絲。

4.10 火紅爆帖

Instagram專頁的追蹤者和讚，不是靠一步一步慢慢累積下來，高手做的是要令它在網絡上「爆」出來，這才能給僱主和客人一個交代：

1. 大賣廣告

在第3章Instagram商業帳戶中，我們已詳細探討如何賣廣告。預備每月5至6位數字，在帖子上大花金錢，刺激業務增長。

一看便是廣告，吸讚能力一定大大降低。

2. 時事焦點

付錢／聯絡各傳媒單位，在網站刊登自己的Instagram專頁。

這專頁經傳媒報道後，追蹤人數立即上升。

4.11 利用Youtube帶動 Instagram

Instagram的收入主要來自替別家品牌賣廣告（KOL）或／和線上售賣商品，專頁需一段時間營運後才能賺取回報。相反，Youtube提供「被動收入」，即隨著您上傳影片的觀看之數，每月結算一個分成。加上影片愈來愈流行，不少專頁都透過Youtube的流量，轉化至Instagram的追蹤。本篇要探討的是技術層面。

影片簡介截圖 (@ 阿滴英文的 Youtube)

影片結尾截圖 (@ 放火 Louis) 影片結尾截圖 (@ 放火 Louis)

Adobe Premiere Pro可選擇輸出 Instagram 正方形片段

1. 影片簡介

把所有專頁的鍵結放進去便可。

2. 影片結尾

3. 影片製作

因Youtube框框與Instagram框框不同，所以技術上要注意啊！

4.12 利用Facebook帶動 Instagram

雖然愈來愈多人玩Instagram，但Facebook仍是全球最多人使用的社交網站。我們即探討如何利用Facebook的流量，轉化至Instagram的追蹤。本篇要探討的是技術層面。

1. 發貼方式

把所有專頁的鍵結放進去便可。

2. 發貼連結

3. 相片製作

因Facebook框框與Instagram框框不同，所以技術上需注意以下事項。

把 Instagram 發貼連至 Facebook 便可

在 Facebook 發帖插入 Instagram 連結

4.13 Offline to Online

很多老前輩均以為開一個網上專頁跟設實體店一樣,會不斷有人跑進來。事實不然,實體店需付租金,而這租金多少視乎店舖位置有多少的吸引力。開個專頁不付錢,跟在自己家開實體店一樣,是不會有客人跑來買東西的,所以你自己要做一定的宣傳。

我們在第三章已探討在Instagram商業檔案賣廣告的技術事宜,而本章前兩節亦談及如何利用Youtube和Facebook帶動Instagram人流,在本節我們會看看其他商家如何推動offline to online?

1. 易拉架

一個大型QR code,配合特大字眼和精裝圖片便可。製作QR Code的方法簡單,請登入:https://www.qr-code-generator.com

你更可製作Instagram框架,讓途人拍照打卡。

2. 派獎品

這個成本比較高，但亦是必中的手法。找些模特兒招街頭客追蹤專頁，事成後送飲品一杯。現在有大量公司一手包辦整個過程，並每日提供最新 Instagram 追蹤者成長報告。

成本再低一點，可以要求顧客分享專頁，之後便到店取禮物。

4.14 善用大數據

本節將探討我們應如何利用這些大數據：

1. 優化文章風格

透過每個帖子的讚和留言，創造自己的獨有風格。

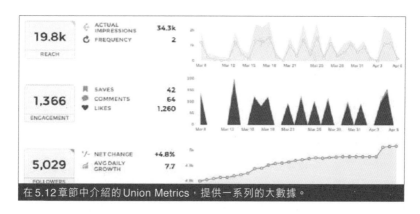

在 5.12 章節中介紹的 Union Metrics，提供一系列的大數據。

2. 增加發帖數量

觀察每天城中熱話,進行二次創作/ 評論。

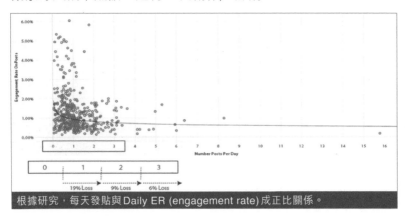

根據研究,每天發貼與Daily ER (engagement rate) 成正比關係。

3. 參考競爭者模式

長期觀察競爭者的追蹤者和讚,優化自己的專頁。

根據研究,每天發貼與Daily ER (engagement rate) 成正比關係。

4.15 攻防戰①：如何製造水泥隊？

每間公司都會有一大堆假帳號/殭屍戶，我們行內稱他們為「水泥隊」。水泥可以用來攻陷別人，又可以建城牆防護自己，更可以把公關危機埋在地下。現在會介紹幾個製作「水泥隊」的方法：

1. 自己來

自己來是不用花錢的，但你要很多部智能裝置，否則的話肯定被Instagram官方發現。

這個鎖定難以解除，切勿以身試法。

標價是人民幣

2. 淘寶買

淘寶什麼都能買，但買回來的全都是空白號，都要靠自己做改裝。

3. 買現成

現在年青人每次跟朋
友鬧翻，或者跟伴
侶鬧分手，都會開一
個新的Instagram帳
號，舊的便會賣出
來，這些帳戶一定的
追蹤者、追蹤中及留
言，絕對是真的，不
會被官方和競爭者，
當然成本比較貴。

網上有大量現成IG帳戶買賣平台

不論你用什麼方法建水泥隊，最重要是有男有女、有老有少，
那就不會給發現。

4.16 攻防戰②：水泥隊出擊

水泥隊攻擊不能露出半點破綻，否則會給人口實。

太假了吧！尤其是紅圈圈住的留言。

1. 留言時間

很多人的水泥隊留言相隔不夠一分鐘，這一定給人口實！

2. 留言間隔

一般做法是「一真一假」，就是有真實帳戶留了言，之後假帳戶便可留言一次；之後另外一個真帳戶留言了，另一個假帳戶又可大派用場。這樣水泥隊的出動模式便不會容易被發現，而且留言時間亦能好好控制。

太假了吧！尤其是紅圈圈住的留言。

3. 留言方式

留言方式用不同語言和符號，再加不同錯別字，一定不會有失！

太假了吧！尤其是紅圈圈住的留言。

4.17 攻防戰③：水泥隊防守

你不犯人、人卻犯你。水泥隊的重要性不在於攻擊別人，而是防守。你只有一張咀，人家有過百人的水泥隊，若果你未有建立軍隊，怎夠人鬥？

1. 維護企業名聲

人家有5個帳戶說你產品不好，你有十個帳戶做防守，這是最基本的防護。

你亦可利用Spotless這個app，刪除水泥隊的留言。

2. 拆穿對方是水泥隊

把攻擊您的留言做一點資料搜集，一旦有任何假帳戶的行跡，立即公諸於世。

貼數、追蹤者和追蹤中不成比例，一定是水泥隊。

3. 聘請外援

現在很多網上都有好多外聘的水泥隊，只有您一付錢，他們便會馬上出動建牆防衛。但網上水泥隊質素參差，大家要小心選購啊！

4. 以攻為守

最好的防守就是攻擊，一旦發現誰在攻擊您的專頁，去攻擊它吧！它自己把軍隊調回防守。

淘寶服務，既可防守，又可攻擊。

4.18 攻防戰④：公關災難

每個店都有機會發生不愉快的事，舉個例子：2018年，某呂姓的香港運動員在#metoo運動中稱遭人非禮，法庭指事件有疑點，而這位運動員的Instagram專頁亦受到大量粉絲刷版（當中有真粉絲，亦有競爭者派來的假帳戶）。

面對這個情況，水泥隊又要出動防衛了。

1. 包容互愛

中國人講的是關心與體諒，這個時候最好就是派出一大堆「大媽級水泥隊」，什麼別生氣、做人要體諒、通通把大愛包容的話都搬出來。

2. 不懂就別亂說

前文提及，水泥隊的說話模式要多樣化。另外一個常見的模式就是事情還未清楚、大家先等一下；你們都不是專業，不要亂插咀⋯⋯

不處理公關災難，會有很多難看的留言。

3. Hashtag 洗版戰

在公關災難發生時，各大傳媒的帖子都會用你家企業名字做hashtag，例如#劉某某，面對這個情況，水泥隊都要多用這hashtag發帖，把不好的帖子用水泥蓋過去。

在熱門貼子中，成功把#呂麗瑤的「黑歷」抹掉。

4.19 攻防戰⑤：打造KOL

在每個行業中，都有數百、數千個KOL。水泥隊發揮的功能有限。反之，一個KOL的一個貼，可能勝過一百個水泥隊。

簡單來說，水泥隊只是「蝦軍水兵」，KOL才是「將軍」。我們行內有一個說法：「一夫當關，萬夫莫敵」。

1. 打造為評論界的KOL

KOL有很多種，有偶像派、前瞻派，水泥隊最容易打造的就是「評論派」，就是每天評論不同產品，而且評論只需在網上抄下來修修改改，非常方便。

旅遊專頁最容易抄，景點相總是差不多樣子。

2. 重量不重質

「三個臭皮匠，勝過一個諸葛亮。」打造多個評論界KOL，發揮的效果比只集中一個KOL為好。

https://www.canva.com 提供了數量十分之多的 Instagram template，幫用家快速量產貼子。

4.20 攻防戰⑥：知己知彼

一些企業未有建立自己的水泥隊，一旦生事的時候便要趕出外聘，若你的水泥隊能為競爭者所聘用，那便能擔當間諜！

1. 主動推銷水泥隊服務

在網絡上有各式各樣的水泥隊服務，把在相關行業的履歷寫上，那便增加獲聘的機會。

領英（Linkedin）是一個推銷水泥隊服務的社交平台

2. 網上扮演接廣告的KOL

幫其他品牌免費賣些廣告，競爭者也可能找這上專頁幫忙，到時候便能打進他們的公司。

免費廣告示例

3. 直接攻擊

直接發動水泥隊攻擊，然後找一假帳戶私訊各個競爭者，問問需否防衛服務？自然可進入敵人的堡壘。

網上有設私訊別人的自動服務，讓你一次過私訊大批 Instagram 帳戶。

網紅不會告訴你的
IG 技巧

5.01 Later

若大家有管理Facebook專
頁，都會試過使用其定時發送
貼的功能。

Instagram未有設置這個功
能，我們需要靠外掛程式處
理，筆者推介：Later。

大家只需要手機搜尋Later，
便可下載相關程式試用，及後
服務則需收費。

另一個Instagram沒有的功能
是在貼發出有超連結的帖文，
這所公司亦研發了另一個程
式，解決這個問題。

簡單來説，這個程式的功能是
提供類似Facebook的排程發
文和插入超連結的貼文。

Facebook 貼文排程功能

以清楚時間線及圖片列出貼文排序

Linkin.bio 能在貼文中加入連結

5.02 Hootsuite

一間網店每天都會收到很多留言、訊息、通知等，同時又要監控各大競爭者專頁，而Hootsuite正提供一個非常好用的介面。

Hootsuite是一個超過1,600萬用戶的社交媒體管理平台，並提供試用30天，它是一個為中小企、大企業設計的軟件，服務：貼文包括排程管理多個帳戶、衡量社交平台回報率、B2B社交銷售。

若購買Hootsuite，會附送其餘150個小工具。

在下圖介面中，你可看到平台提供大量資訊，例如圖的右側顯示最新Followers資訊。

Hootsuite平台介面

除Twitter外，你亦可以加入Instagram和Facebook等平台。

Hootsuite設認證考試課程，名為Hootsuite Social Marketing Certification。

5.03 Captions for Instagram and Facebook Photos

如果你覺得貼文真的好難寫，那麼這個叫「Captions for Instagram and Facebook Photos」的APP便可為您代筆。

App內有同Caption分類

我的建議是初學者可以從不同的熱門Caption稍作修改，然後再慢慢學寫自己的Caption。

所有Captions都經過反覆測試

同樣，每個Caption都需要Hashtag，這個app亦一併做到。

App內亦會熱門Hashtag推介

總結而言，這個app非常適合Instagram初學者使用。

5.04 Crowdfire

Crowdfire是一個專對Instagram而設的管理平台。我們經常追蹤不同用戶，希望他們能 #followback。這個平台其中一個大功能就是找到哪些用戶未有Followback，您可以利用DM（Direct message）與他們作互動推廣。

這個人未有Follow你

App內有同 Caption 分類

平台另一個功能是追蹤競爭者專頁營運狀況。Facebook專頁有提供相關功能，但Instagram卻沒有，Crowdfire正好幫助了這一點。

既然這平台可以分析競爭者行為，當然不少得會有「關鍵字推介」，助您了解市場趨勢。

關鍵字搜尋

5.05 Priime

Instagram 眾多 Filter，真的令人眼花瞭亂。這個 App 最強的地方是，它會向你推介合適的 Filter。

Priime 的 Filter 比　官方 Instagram 更多

這介面可清楚顯示各個 Filter 的不同

Priime 亦會提供精美的圖像 Layout

Priime 的部分 Filter 的確比官方更緻密

5.06 Snapseed

相片有時太光或太暗，我們都可以用Filter作調適。但某些相片的曝光率太差，我們便可借助這個App來簡單整理相片。

功能介紹如下（部分）：

1. RAW 顯影：開啟並微調RAW PNG檔案，還可在不影響畫質的前提下，將這種檔案儲存或匯出為JPG圖片。

2. 影像微調：利用精細的控制選項，自動或手動調整曝光值和色彩。

3. 強化細節：巧妙突顯圖片的表面結構

4. 裁剪：將圖片裁剪為標準大小，或依需求自由調整。

5. 旋轉：將圖片旋轉90度，或將傾斜的水平線拉正。

Snapseed提供大量修相功能

6. 視角：修正傾斜的線條，強化水平線或建築物的幾何美感。

7. 白平衡：調整色彩，讓圖片看起來更自然。

8. 筆刷：局部潤飾曝光值、飽和度、亮度或色溫。

9. 局部：採用知名的「控制點」技術：在圖片上放置最多8個控制點，然後指定修飾效果，演算法就會自動為你完成後續作業。

10. 修復：移除團體照中的不速之客

11. 暈影：在圖片的角落添加柔和的陰影，營造出以大光圈鏡頭拍攝的美麗效果。

12. 文字：在圖片中添加特殊樣式的文字或一般文字

13. 曲線：精確控制相片的亮度

14. 展開：增加畫布面積，並以智慧獨具的方式，利用圖片內容填補新增的空間。

15. 鏡頭模糊：為圖片添加優美的散景效果（背景柔化），適用於人像攝影。

16. 魅力光暈：為圖片添加迷人的光暈，適用於時尚或人像攝影。

17. 色調對比：局部強化陰影、中間色調和高亮度部分的細節

18. 高動態範圍圖像：套用多重曝光效果，讓圖片更出色。

19. 戲劇效果：為圖片添加「末日」氛圍（6種樣式）

20. Grunge：疊加強烈的風格與紋路，塑造前衛的視覺效果。

21. 膠片噪點：透過寫實的噪點，營造具現代感的底片效果。

22. 復古：50、60或70年代的彩色底片照風格

23. 懷舊：運用漏光、刮痕和底片風格，讓圖片充滿懷舊感。

24. 黑白電影：透過寫實的噪點和「刷白」濾鏡效果，呈現黑白電影的風格。

25. 黑白：以暗房為靈感，製作出經典的黑白相片。

26. 邊框：為圖片添加可調整大小的邊框

27. 雙重曝光：以電影拍攝和數位圖片處理為靈感，提供多樣的混合模式，讓你輕鬆將2張相片融合在一起。

28. 臉部修飾：強化眼部細節，並新增臉部打亮或柔膚效果。

29. 臉部面向：以3D模型為基礎，修正人像照的面向。

介面清楚易用，而且是免費下載。

5.07 Followers Plus +

我們經常要Follow對方，對方才會收到我們的資訊 #followback。Followers Plus正好為我們做到這一點。

我們可透過My Best Posts，找出最能招Followers的關鍵。除了Following insight和My best followers等資訊外，最強的是My secret followers，即誰沒Follow您但又經常看您的Instagram內容，一般都是競爭者或暗戀您的人。

Followers分析介面

提供一系列Hashtag，助您增加Followers。

除了改善貼文質素外，Hashtag當然是必不可少，Followers Plus+亦會根據Popularity（受歡迎程度）提供建議。

♡ ○ ◁

5.08 Megafollow

很多人説，您要經常給人家讚，人家才會追蹤／給你讚，你一定會問？誰能幫我做這個？Megafollow可以！

除了打讚外，在一些相關／熱門的專門留言，可增加專頁對大眾的接觸率。

Instagram有一個熱門的Hashtag，叫 #followback、#follow4follow、#followme，就是大家互相Follow。

要優化Instagram的接觸率，必須定期清除僵屍帳戶。

簡單來説：如資金上許多的話，將上述的無聊工作，交給專人做吧！

Likes
互相點讚是 Instagram 的禮儀

Comments
狂熱門專門留言，可增加曝光率。

Follow
Follow 一些會 #Followback 的人

Unfollow
Instagram 僵屍帳戶必須 Unfollow

5.09 Tracker for Instagram

這個App名為Tracker，會提供各項數據分析，例如下圖展示出新Followers與出Post數量的關係。

我們一般以Follow別人帳戶，希望對方Follow back。如果未有Follow back者，當然要Unfollow他們。

有時Instagram被客戶Block了，我們一定要找個究竟，例如可能是客服回應查詢時不夠細心。

當然，若是競爭者Block了你，當然要還擊。

圖表顯示各指數轉變

Unfollow亦有助改善公司形象，突顯公司非單靠故亂Follow別人作營銷。

互Block是常識吧

這個功能是現在收費app必備

5.10 InstaTag

要快速找HashTag嗎？這個叫「InstaTag」的app真的非常幫到大家。

不想麻煩想Hashtag？第一次發貼用最popular、第二次發貼用2nd popular，那便不會重複；若有特定目標如增加Like數或Follower數，亦有相關Hashtag提供。

此App列舉了不同hashtag的受歡迎程度

這個App亦提供不同行業的Hashtag，方便不同企業使用。

Society	Holidays	Nature	Animals	Food	Fashion	ENT	Sport	Art	Life

各類Hashtag非常齊備

懶散的朋友，用手機一按便可把整段Hashtag複製，放到自己的貼上。

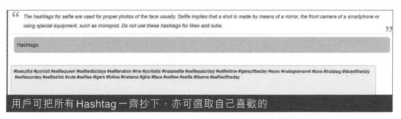

用戶可把所有Hashtag一齊抄下，亦可選取自己喜歡的

5.11 Iconosqaure

前文推介Hootsuite是必購的平台，若用家是要在Instagram大展拳腳的話，Iconosqaure打造KOL必用的App。

掌握發貼時間是Instagram操縱的關鍵之一，此app提供了完整的時間分析。

分析發帖的最佳時間

為滿足各Agency和Freelancer的需要，報表可利用PDF格式匯出。

分析發貼的最佳時間

多人管理帳戶功能

Facebook專頁可設不同角色，包括管理員、編輯、廣告客戶等，而Instagram則沒有此功能，Iconosquare則可補充這一點。

要 在 Instagram 成功，每天都要多發貼，Iconosqaure 亦提供排貼功能。

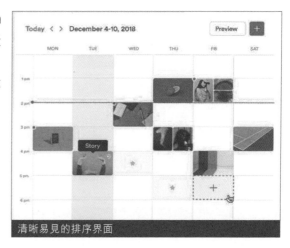

清晰易見的排序界面

5.12 Union Metrics

Union Metrics 是現在大數據使用的程式，它提供的數據分析包括 Median hour、Maximum hour、Minimum Hour 對 Query 的影響。

這種複雜的 Excel 圖，適合喜歡數據分析的市場人員。

Potential Reach 亦能計算，方便我們控制成本與收益。

較為複雜的折線圖和棒形圖

若上述數字太深奧，若可留意以
下較簡單的數據分析。

Hashtag 和 Biggest Fan 分析絕對
有助擴充業務

若您的生意是以全球為定位，
Union Metrics 更 提 供 全 球
Followers 地點分析。

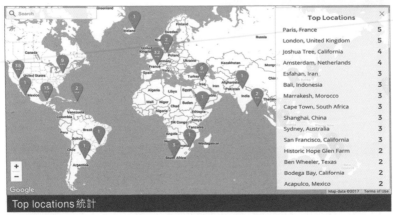

Top locations 統計

♡ ◯ ◁

5.13 Repostgram

Facebook 設「Share」（分享）按鈕，唯 Instagram 未有這個功能，我們可利用「Repostgram」來作輔助。

Share 功能最大的益處是，能著名貼子的出處，以免侵犯他人版權。

| 點擊貼子的右上角 | 點擊複製連結 | 左按鈕為下載，右按鈕為轉載。 |

切勿把他相片下載後再上載，這是侵權行為，Repostgram 則幫助我們轉貼而註明出處。

5.14 A color story

相片質素永遠是 Instagram 致勝的關鍵，接下來會介紹幾個更專業的相片修改程式。「A color story」顧名思義，是透過顏色製造主題取勝。

左右顏色對比

前後層次對比

A color story 亦提供超過20個編輯相片功能。

前文提及多個製作 Filter 程式。這個 App 更進一步，讓您設計自己的 Filter。

曲線修改相片功能

自我設定 Filter

5.15 Picflow

近年社交媒體興起影片製作，這個叫「Picflow」的App最適合Instagram使用。

影片中的相片，應事先用其他app編輯過後才製片。

音樂可用最新的，或經典名曲。詳情可參閱billboard網站。

前文提及多個製作Filter程式。這個App更進一步，讓您設計自己的Filter。

影片當中可以加入音樂

影片製作為四方形，適合Instagram介面。

可設開始時間

影片亦可發佈至Facebook和Youtube等工具

5.16 Instagram Shoppable

Instagram規定只能在個人檔案加插超連結，就是要促使各賣家使用付費程式，而「Instagram shoppable」絕對值得付費。相片中可加插連結，買家喜歡產品的，一按下去便能買。

一按便買

筆者最喜歡的功能，是一張圖片可加插多個連結。

最後附上一張 Instagram 店舖介面給大家參考。不能只有產品，而是人與產品結果，再整體配合店舖特色。

喜歡哪一件？便按下去

精美 IG SHOP 的介面設計

5.17 Sprout Social

不 少 Instagram 用戶都會創立自家 hashtag 品牌，例如 #sporoutcoffee（這 app 叫 Sprout Social）。 這款 叫「Sprout Social」的 app 可幫你統計自家品牌的 Hashtag。

其他相應程式，例如 RSS、Asset Library 亦非常齊備。

自創 hashtag 統計數字

類似 Facebook 的發貼帳號

要做好顧客關係管理（Customer Relationship Management），當然要主動回覆每個留言和訊息。

回覆客人是顧客關係的管理之道

回覆訊息變得非常簡易

上述一系列的活動成效如何？當然要有一堆數字分析！

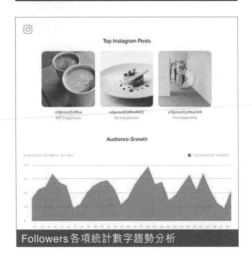
Followers各項統計數字趨勢分析

5.18 GIPHY

GIPHY是近年新興的玩意，大家可以打開您的WhatsApp通話功能，亦能把GIF檔案發送予他人。

Instagram不能讓您上載GIF檔，今次這個程式更可以幫您把GIF檔，輕鬆轉換成全長15秒的MP4格式檔。

程式免費，操作簡單。

GIPHY是大勢所趨，趁此機會跟大家分享其高深的玩法。

若您有網頁，可建構Javascipt。

Stickers自WhatsApp推出後帶起新熱潮，此程式亦可製作GIPHY Stickers。

不想從影片中剪成GIF？GIPHY Cam可以幫到你！

隨著5G技術的引入和推出，我們能預計GIPHY只會愈來愈普及。

5.19 Gramblr

在本書頭幾章曾承諾大家，會介紹一些能夠在電腦使用 Instagram 程式。

如前章提及，真正的 Instagram 高手會利用極高清相機拍攝照片，經過電腦編輯後，再傳到 Instagram。

不要再用手機拍攝 Instagram 照片，拜託了。

這個 App 介面相對簡單易用。一般人都會問這是否 Instagram 的官方 app，非也。不過放心，這是免費的。

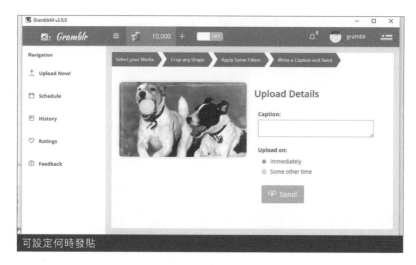

可設定何時發貼

5.20 Flume

在本書頭幾章曾承諾大家，會介紹一些能夠在電腦使用 Instagram 程式。這個 app「Flume」主要是給予 Mac 機用家。一些 Mac 機獨有功能，例如 apple maps 都能配合。

比較麻煩的是，這個 app 是收費的。

作為收費 app，當然配有分析功能。

比起 Gumblr，Flume 可以插入地點。

超人氣IG專頁
致勝經營秘技

6.01 100毛 （香港：網媒）

基本資料

帳　戶：tv_most

追蹤者：超過30萬

簡　介：毛記葵涌是一間香港媒體服務上市公司，旗下包括Instagram tv_most。

成功之道：全是影片

每個影片都用不同顏色框框，增加層次感。

每個影片都有不同主題，包括：

1. 「處女行」：介紹不同旅遊地點

2. 「星期三港案」：超微型新聞紀錄片。每集5至10分鐘不等，
   緊貼時事

3. 「今日問真啲」：就不同議題訪問市民

4. 「愛護同事協會」：探討上班熱話

透過不同影片種類，增加Instagram帳戶接觸不同年齡層和階
層，亦促進了IG接廣告機會。

跟影星鄭秀文拍攝銀行廣告

6.02 LAZY NOON

（香港：服裝小店）

基本資料

帳　戶：lazynoon

追蹤者：超過1萬

簡　介：香港小店，於尖沙咀自設Showroom

成功之道：兩大層次

女士們不喜歡只看模特兒穿衣服，會有一個感覺就是自己不能穿得這樣美；又，女孩子不喜歡只穿衣服樣版，因她們難以知道穿起來會不會好看。

這個小店的成功在於她把Instagram分成兩個部分，方法好簡單，每個區域上載9張照片（3X3的模樣），便能輕易劃分。一個

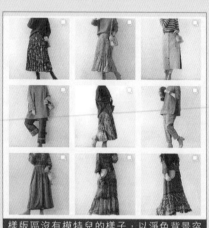

樣版區沒有模特兒的樣子，以淨色背景突出衣服顏色。

是模特兒區、另一個是衣服樣版區。

成功的最重要之處：模特兒區的拍攝背景是經過精挑細選，讓衣服展現出更豐富的層次感。

模特兒區的攝影背景張張不同，女讀者可從中學習打卡技巧。

（香港）

基本資料

帳　戶：sumsum_dessert

追蹤者：超過7萬

簡　介：香港小店，於觀塘自設工場

成功之道：清晰行銷

一般Instagram行銷專頁，都把產品和銷售資料放在帖內，但這個專頁無須按任何貼子，一看到其首頁便已經

知道有什麼買，怎樣買，如何買。

自我簡介一欄，用了不同 Emoji 作產品和企業推廣。

最厲害的是店主把多個限時動態置頂，用戶無須看貼，便能得知所需資訊。

（香港：政府部門）

基本資料

帳　戶：hongkongpoliceforce

追蹤者：超過2萬

簡　介：香港政府轄下警務人員官方帳號

成功之道：多圖合壁

詳細提及和介紹，現在我們會看看實際操作。首先要做到「多圖合壁」，必須有專業拍攝和設計員，才能達致好效果。

設位編號：	37187
部門：	香港警務處
設位名稱：	合約新媒體撰稿員
薪酬：	每月40,000元
入職條件：	申請人必須 - (a) 持有香港任何一所大學頒授的傳播、新聞或翻譯學科學士學位，或具備同等學歷； (b) 在取得學位後曾在具規模機構全職擔任相關工作並具備最少五年經驗，包括運用流動應用程式，以及互動、數碼及／或社交媒體平台，從事有關推動社群參與、企業傳訊、公共關係、互動媒體、廣告或社交媒體市場推廣的工作[見註(1)]； (c) 香港中學文憑考試或香港中學會考中國語文科及英國語文科達第3級[見註(2)]或以

以港幣月薪4萬，聘請有5年經驗的撰稿員。

設位編號：	37188
部門：	香港警務處
設位名稱：	合約新媒體設計員
薪酬：	每月27,000元
入職條件：	申請人必須 - (a) 持有香港任何一所大學頒授的媒體設計／創意設計／平面設計／公共關係及廣告設計學科學士學位，或具備同等學歷； (b) 在取得學位後曾在具規模機構全職擔任相關工作並具備最少兩年經驗，包括運用流動應用程式，以及互動、數碼及／或社交媒體平台，支援有關推動社群參與、企業傳訊、公共關係、互動媒體、廣告或社交媒體市場推廣的工作[見註(1)]； (c) 香港中學文憑考試或香港中學會考中國語文科及英國語文科達第2級[見註(2)]或以

再以港幣月薪2.7萬，聘請一名設計師。

我們可以看到，警務處發的貼子全以高清攝影，兼特配
不同主題，做成數十款「多圖合壁」的設計。

此專頁以3連圖合壁為主

要注意的是，多圖合壁是極花成本的做法，小店不適宜
用這方法，大企業則可投放資源應用於專頁上。

圖亦可以加字，讓讀者識別這是多圖合壁的作品。

6.05 yylamjayden

(香港：補習名師)

基本資料

帳　戶：yylamjayden

追蹤者：超過10萬

簡　介：香港補習天皇

成功之道：從 offline to online

好多時我們聽到的是由 online to offline，但其實 offline to online 一樣可行。在香港補習界打滾，需派發大量精美禮品和吸引的宣傳單張，把這些精緻的宣傳品放到 IG 專頁上，是吸讚的好方法。

精美禮品

市中心大型橫額

把線下宣傳品放到網上專業,效果極好,可拿到超級多讚和留言。

講義封面

6.06

 輕·旅行 LIGHT

（台灣：本土旅遊）

基本資料

帳　戶：travelyam

追蹤者：超過20萬

簡　介：介紹台灣旅行，從中與旅行熱點商鋪合作，例如租借wifi

成功之道：資訊最新最全面

書店最熱賣一定是旅行書籍，因為讀者需要最新的景點資訊。這個專業就是看中這一點，上載最新「打卡點」。

每個貼都會宣傳自己網站

網站設駐站玩家（即景點合作商戶）和商品（如名信片）

所有帖都會把讀者介紹到網站，從而賺取利潤。

6.07

（台灣：餐飲推介）

基本資料

帳　戶：4foodie

追蹤者：超過30萬

簡　介：介紹美食，從而收取廣告費

成功之道：結合多個國家最新資訊

現在網上有好多foodie（美食家），大部分都是由公司操縱，小部分是個人經營，專業發的貼只局限於該地區（例如台南、桃園、台北）。

4foodie

2,510 貼文　　293千 位追蹤者　　308 追蹤中

4foodie 台北美食 台中美食 日本美食 美國美食
台北・台中・東京・LA
4girls, 3 continents, 2 continents, 1 heart, 0 bullshit.
中文,English,日本語
#4foodieforfoodie
©版權所有，不得轉載 copyrights reserved
m.facebook.com/4foodies4girls

此專業的成功之處是介紹多國美食

有了一定的收入後，更可擴展專頁涵蓋地區。

有了一定的讚和流量，便可接不同食店的廣告。當然，價錢有高有低，高價的廣告吸讚更多，反之亦然。

接受廣告同時，專業亦可得知市場最新食品資訊。

低廉的廣告費用，貼子的質素、設計和讚都不如之前那個廣告。

6.08 xuanxuantw

(台灣)

基本資料

帳　戶：xuanxuantw

追蹤者：超過25萬

簡　介：不是買粉絲的空姐專頁

成功之道：俊男與美女

台灣有很多空姐專業，都是「買粉」，這次介紹的專頁是沒有買讚，值得大家參考。

xuanxuantw ✓　追蹤　▼　···

556 貼文　　223千 位追蹤者　　361 追蹤中

Shaina C. 🍼
澆澆 🐘
All my life ♡
My shop @xuan.sure coming soon
m.facebook.com/xuanxuantw

字

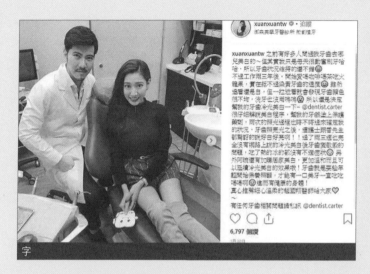

一般空姐專業都是「賣胸騷腿」，而這個專業除了「胸器」之外，亦會加插與美男子的合照。

只單靠「大奶奶」只能吸引男性，亦會把專業做得很低俗，沒了個人品味，難以推動網店營銷。

abbyabbychen

(台灣：髮型師)

基本資料

帳　戶：abbyabbychen

追蹤者：超過5萬

簡　介：透過自身形象推廣自己的網店和實體店

成功之道：資訊最新最全面

有些人喜歡用一個專頁，一時發自己生活的帖，一時發商品的資訊，這使某些讀者感到不悅。

個人專頁帶動 @cpandco_ 和 @abbychensieg

其中一個帶動的專頁亦有超過一萬名粉絲

這是一招老生常談的招數，就是利用個人形象，帶動網店營銷。

在個人專頁中，一定要突出自己的個性，例如社交、紋身等。

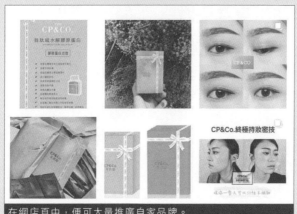

在網店頁中，便可大量推廣自家品牌。

這個例子是把個人與兩個商店完全分開，@abbyabbychen是個人專頁，只有自己的生活照片，沒任何商品和促銷推廣；另外兩個專業一按進去便是廣告，就是直接推銷，有興趣的網友便會按進去，直接得到想要的資訊，沒興趣的不會進入網店，但亦不會不再追蹤@abbyabbychen。

ping7446

(台灣：親子)

基本資料

帳　　戶：ping7446

追蹤者：超過100萬

簡　　介：著名親子KOL

成功之道：崇洋心態

先不講她的成功之道，值得一提的是，她除了接網上廣告以外，她也有在書店賣書，並透過專頁作推廣。

ping7446 追蹤 ▼ ⋯

5,348 則帖子　　969k 位追蹤者　　正在追蹤 781 人

王君萍
Alex's mom／Chun-Ping
Sharing everything of life in Taiwan&France
Parent-child👶travel✈Cuisine🍴
📖 my book：#戀家味的常備菜餚 #亞歷肥安這樣長大
www.facebook.com/1557717784/posts/10217591376687072

在自我簡介推介自己的作品

華人就是有崇洋心態，就是覺得外國東西特別好，人家放個屁都是香的。但是洋人專頁全是英文，文化又不同，對華人不太吸引。

小孩子崇拜洋人偶像

專頁是分享一個華人媽媽過著洋鬼子的生活，並培養兒子成為「番鬼子」，當然深得網民（特別是大媽）喜歡！

網站設駐站玩家（即景點合作商戶）和商品（如名信片）

njr

(全球第十)

基本資料

帳　戶：neymarjr

追蹤者：超過1億

簡　介：近年興起球星

成功之道：圖片會說話

全球著名的球
星包括美斯、
碧咸……但他
們的IG專頁都
進不了全球十
大IG專頁，尼
馬成功當然有
我們學習的地
方。

由專家設計的3X3多圖合壁

這個專頁背後的管理者能力驚人，基本上一發貼便能轉為吸讚神器。

一個簡單的帖子已經有100萬個讚

Instagram中文叫「圖享」，即盡量使用圖片說話，如前圖便利用外掛程式Snapchat加入「my wife」；之後的廣告都是圖片已說明一切，帖子的文字只是作簡略說明。

廣告的字不需多，一句就夠。　　　　可能有廣告商想多加文字，但都是兩三句便夠。

真正的Instagram玩家，要做到圖片會說話。

BIEBER

（全球第九）

基本資料

帳　戶：justinbieber

追蹤者：超過1億

簡　介：著名加拿大藝人

成功之道：刺激留言

Instagram三大成功指標：有讚、有留言、有分享／Tag朋友，Justinbieber相比Ladygaga等國際一級巨星仍欠一段距離，但卻能成為全球第8大IG KOL，成功之道在其貼子能刺激大量留言。

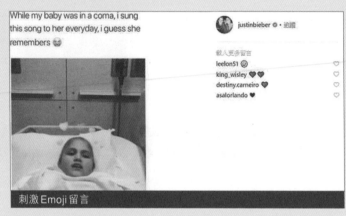

刺激Emoji留言

刺激留言不是單靠Justin的美男照，而是shareable content。

so cute~ so cute~

讀者這刻會否發現？原來Justin 的IG，很多相片都不是Justin的自拍照，而是不同刺激留言讀者的照片和貼。

刺激 Tag 朋友

新奇、刺激、好玩，是創作shareable content的三大要素。

新奇、刺激相片

（全球第八）

基本資料

帳戶：therock

追蹤者：超過1億

簡介：國際電影名星

成功之道：影片

很多人說現在是影片的世代，大家開始對文字感到厭倦，反之對映像有興趣。

六個帖內，五個都是影片。（右上角有攝影機icon）

♡ ⟳ ◁ 176

影片製造不是自説白話便可，並要配位長的帖文，解釋片段要旨和內容。

回應網友問題

載第三者發佈影片

每次接了廣告或訪問，都應轉載到自己專頁，增加貼子數量。你亦可以分享/推介其他人的片段。

與好友@sebastiancomedy互相宣傳，帶動協同效應。

6.14 KYLIE

(全球第七)

基本資料

帳戶：Kyliejenner

追蹤者：超過1億

簡介：什麼？你不知道她是誰？

成功之道：百變造型

原來很多讀者真的不知道她是誰。沒關係，一個你都不知道的人，都能成為全球十大之榜，肯定有其成功道理。

六個帖內，五個都是影片。(右上角有攝影機icon)

kyliejenner ✓ [Follow] [▼] ⋯

5,736 posts　120m followers　128 following

Kylie
@kyliecosmetics
KylieCosmetics.com

把自己的讚轉化到自家化妝品牌

這張 Barbie 造型太酷了吧！

性感蝴蝶造型

少女造型

我們再看幾多造型，便會瞭解為什麼這個專頁那麼受歡迎！

Kylie 成為了萬千女孩的模仿對象，那當然可大力推廣銷路。

產品上印有自己名字，打造自家品牌。

6.15 Taylor Swift

（全球第六）

基本資料

帳戶：taylorswift

追蹤者：超過1億

簡介：著名國際歌手

成功之道：千萬打造華麗照片

前文提及 Instagram 對照片質素有一定要求，照片質素愈高，愈容易發佈出去。

演唱會照片

這些演出照片全過經過專人修改，打印出賣100美元一本的相集也大有市場。這個專頁把這些極高質相片放到網上，變相等於投放了千萬投資。

大家看清楚光的對比，肯定是由龍頭高手修輯過的。

煙花爆放的畫面

看看背景的煙與演出者衣服的襯托

總結來說，在發貼前，一定要把相片修輯，這是致勝關鍵！

只發了不夠300個貼，已有1億Followers。

KIM KARDASHIAN

（全球第五）

基本資料

帳戶：kimkardashian

追蹤者：超過1億

簡介：著名國際歌手

成功之道：突破尺度

很多人誤以為只要在Instagram賣胸便可吸讚，這並非事實。第一，全球愈來愈多app反對色情，另一社交網

賣胸的確是吸讚的

站平台tumblr亦已刪掉所有色情貼文；第二，在Instagram有色情成份（即使不露點）亦可能遭官方停用帳戶。

筆者收過不少女KOL，甚至色情影片女星求助，她們未有貼任何露點相，但帳戶卻被Ban了，究竟Instagram的準則在哪？

在兒童面前拿出胸前「導彈」

已露點

要做到「健康性感」才不會被Instagram處罰

在多年經驗下，我得出的結論是賣胸是有用，但玩弄色情是非常容易被Ban的，所以要做到「健康性感」。

母子裸照，當然算是一種性感的健康，另外瑜珈等運動亦可作參考。

6.17 BEYONCÉ

(全球第四)

成功之道：三圖說故事

「三圖說故事」
是指打橫看的
三張圖，已經
表達了想說的
重點。

因衣服和化妝技巧出眾，讀者容易看到打橫3
張來看故事。

這種特色吸引讀者，同時亦刺激廣告設計。

與丈夫 JZay 的汽車廣告

當然，這種模式亦可以大騷美腿，吸讚專用！

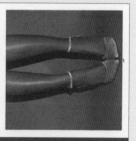

這種設計的確 Instagram 少見

至於三圖說故事，那麼貼文的 Caption 怎樣寫？是三張圖片一樣 Caption？三張圖片不同 Caption？還是只有第一張圖片有 Caption 呢？

只有留言，沒有 Caption。

Instagram 宗旨是圖片會說話，不用 Caption 也可！

6.18 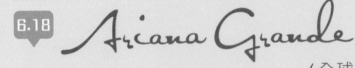 (全球第三)

基本資料

帳戶：arianagrande

追蹤者：超過1億

簡介：著名國際歌手

成功之道：Instagram 效果

Instagram的效果有40多個，好好運用便可吸引大量讚！

賣胸的確是吸讚的

多用不同 Instagram 效果，可增加讀者的新鮮感。

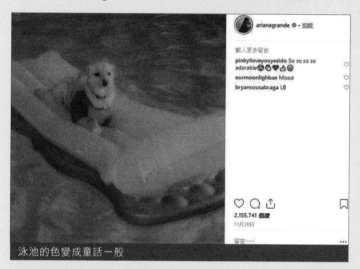

泳池的色變成童話一般

讀者應把所有Instagram均試一次，才可掌握不同效果的特質。

中間加強光線

CRISTIANO

（全球第二）

基本資料

帳戶：cristiano

追蹤者：超過1億

簡介：著名運動員

成功之道：榮耀

網友最喜歡看成功人士？什麼是成功？第一，當然是跟名人合照；

齊齊登飛機，更 Tag 了一大堆名人。

與隊友慶祝球賽勝利

第二成功例子就是贏、勝利、Victory！

這種設計的確 Instagram 少見

第三，財富是免不了吧。

參與國際組織savethechildren活動

全是炫富不成，更要偶然扮一下好人啊。

上述4招是各大KOL常用招數，大家可以參考參考！

SELENA GOMEZ （全球第一）

基本資料

帳戶：selenagomez

追蹤者：超過1億

簡介：著名國際歌手

成功之道：女權主義

什麼是女權主義？就是strong women。

> "Whether your platform is big or small, we all have the power to lift up those around us."

August 17, 8/7c

WE DAY   abc

selenagomez ✓ • Follow

selenagomez So excited to be a part of the WE Day inspiration once again! ♥ Watch #WEday on ABC August 17 at 8/7c – you won't want to miss Nellie's story!

Load more comments

valeriacelleri22 Sou cute love you selena ♥♥◎

2,809,642 likes

AUGUST 13

齊齊登飛機，更Tag了一大堆名人。

左下角，女性是Fearless。

世界各地均有女總統當選，這鼓粉紅力量絕不能看少！

女性可以自己來，myself！

女性一定按讚的圖片

當然少不了為女性加油的字眼！

各位女KOL和女性商品網店，一定要記住，女性喜歡強大，這是潮流所至！

第一次玩IG就賺錢 Instagram實戰全攻略

作　　者： 李Sir
責任編輯： 吳淑貞
版面設計： 陳沬
出　　版： A Money 優財
電　　郵： big4media@yahoo.com.hk
發　　行： 香港聯合書刊物流有限公司
　　　　　　地址：香港新界大埔汀麗路36號中華商務印刷大廈3樓
　　　　　　電話 (852) 2150 2100
　　　　　　傳真 (852) 2407 3062
初版日期： 2019年6月
定　　價： HK$128 / NT$450
國際書號： 978-988-14283-7-0
台灣總經銷： 貿騰發賣股份有限公司
　　　　　　電話： （02）8227 5988

網上購買 請登入**超閱網網上書店**網址或掃瞄以下QR Code

 http://www.superbookcity.com/catalogsearch/advanced/result/?book_publisher=A%20Money